수목진료용어 사전

(사)한국나무병원협회 편

아카데미서적

발간사

　우리나라에서 본격적으로 수목진료가 시작된 지도 40년이 넘었다고
할 수 있습니다. 1970년대에 첫 번째 나무병원이 개업한 이래 지금까지
나무병원의 수도 수백 개로 증가하였고 2003년에는 산림청 등록 사단
법인으로 '한국나무병원협회'가 결성되어 수목진료업계의 발전과 저변
확대를 위하여 여러 가지 사업을 수행하여 왔습니다. 이러한 발전에 힘
입어 이제 수목진료는 하나의 전문분야로 확실하게 자리매김을 해가고
있습니다.

　그러나 충분한 인프라가 구축되지도 않은 상황에서 나무병원의 수가
빠른 속도로 증가하다 보니 다소 전문지식과 의술이 부족한 병원들이
등록되기도 하는 등 빠른 성장의 부작용도 나타나기 시작하여 업계의
문제로 부상하기 시작하였습니다. 이러한 문제들을 해결하여 명실상부
한 '나무의사'를 양성하고 고급서비스를 제공하는 '나무병원'을 만들기
위하여 산림청과 산림과학원을 비롯한 수목진료 전문인력들이 '수목진
료법'의 제정을 위하여 2012년부터 꾸준히 노력하여 왔으며, 그 결과
2016년 12월에 수목진료와 관련된 '산림보호법' 개정안이 국회를 통과
하고 2018년 6월 말부터 발효를 앞두고 있습니다.

　법이 발효되면 수목진료의 전문성이 확실하게 인정을 받음과 동시에
대학 및 나무의사양성기관 등 여러 기관에서 수목진료에 관련한 내용들
을 교육할 것이며, 나무의사들이 현장에서 활발하게 활동할 것이 분명
합니다. 하지만, 가장 기본이라 할 수 있는 수목진료 분야의 용어에 대
하여 아직까지 한 번도 정리된 적이 없어서 일부 용어들에 대해서는 혼
선도 있으며, 무분별하게 일본식 용어가 사용되는 경우도 있습니다.

이러한 문제를 해결하기 위하여 본 협회에서는 '수목진료용어사전' 발간을 결정하고 학계 및 업계의 전문가들로 '수목진료용어사전 발간위원회'를 구성하여 용어사전을 편찬하게 되었습니다. 모든 위원들이 열심히 노력하였음에도 불구하고 처음으로 만드는 용어사전이고 시간 또한 충분하지 않아서, 수록되지 않은 용어들도 있을 것이고 일부 설명이 부족한 용어들도 있을 것입니다. 따라서 본 협회에서는 지속적인 검토작업을 통하여 누락되었거나 부족한 부분들 그리고 오류가 있는 부분들을 꾸준히 수정해 갈 예정이니 모쪼록 이 용어사전을 사용하는 분들은 부족한 부분과 잘못된 부분들에 대해 기탄없이 지적을 해 주시기 바랍니다.

　끝으로 이 용어사전은 본 협회의 발간위원회에서 편찬한 것이지만, 실제로는 협회의 모든 회원, 더 나아가 우리나라 수목진료업에 종사하는 모든 분들이 헌신하신 결과라고 생각하며 우리 업계의 모든 분들께 감사의 말씀을 전합니다. 그리고 이 용어사전의 발간을 흔쾌히 수락해 주신 아카데미서적의 주성필 대표께도 감사드립니다.

2018년 3월

발간위원장 **한 상 섭**

일러두기

1. 이 용어사전은 수목진료를 몇 분야로 나누어 각 분야별로 정리하였으며, 각 분야별 관련 용어를 선정한 후 해당 분야의 용어집이나 사전 등 전문서적을 참조하여 작성하였다.
2. 분야별로 정리하다 보니 같은 용어가 분야에 따라 다소 차이 나게 정리된 경우도 있으나, 기본적인 내용에서는 동일하다.
3. 같은 내용의 용어가 두 개 이상일 때는 많이 사용하는 것을 우선으로 정리하였으며, 비슷한 빈도로 사용되는 용어들일 경우에는 우리말 우선으로 정리하였다.
4. 우리말 용어 다음에는 한자표기를 넣었으며, 그 다음에 영문을 넣었다.
5. 영문은 대부분 단수형을 기본으로 정리하였으나, 관습상 복수형을 사용하고 있는 경우에는 예외로 하였다.
6. 내용과 관계없이 용어를 찾고자 할 때는 한글색인 또는 영문색인을 이용하면 된다.
7. 영문 용어에 포함되어 있는 라틴어 용어들의 단복수형 어미변화는 일반적으로 다음과 같다(단수 → 복수, 라틴어는 문법이 매우 복잡하여 같은 어미라도 성 또는 어간에 따라 복수형이 달라지는 것이 많으므로 예외가 많이 있을 수 있음).

−um → −a	예) conidum → conidia
−us → −i	예) nucleus → nuclei
−a → −ae	예) mycorrhiza → mycorrhizae
−ma → −mata	예) stroma → stromata

8. 이 용어사전은 수목진료 분야에서 정확한 정보전달을 위하여 수목진료 관련 용어를 간단히 설명해 놓은 것이다. 따라서 용어의 자세한 내용을 알고자 할 때는 관련 전문도서를 참조하기 바란다.

편저자

한상섭 전북대학교(편저자 대표)

권건형 경기도 산림환경연구소

문성철 (주)한강나무병원

문희종 (주)호림나무병원

박철재 (주)한국나무종합병원

이용규 (주)문화나무병원

정호성 (주)한솔나무병원

차병진 충북대학교

목차

제 1 장

수목형태

가과 假果 false fruit
화탁이나 화축 등이 자방과 함께 비대해져서 된 과실

가근, 헛뿌리 假根 rhizoid
기질을 향하여 뿌리처럼 자라는 짧고 얇은 균사

가도관, 헛물관 假導管 tracheid
고등식물, 특히 피자식물의 목부를 구성하는 것으로서, 물의 이동 통로 및
지지기능을 갖는 조직

가루받이 = 수분

가슴높이지름, 흉고직경, DBH 胸高直徑 diameter at breast height
나무의 목재 체적(timber volume)을 계산하는데 필요한 직경을 측정하는
위치로, 일반적으로 지면으로부터 1.2m의 높이

가엽 假葉 phyllode
원래 엽병과 엽신이 확실히 구분되는 잎에 있어 개체발생상 엽병에
해당하는 부분이 엽신과 같은 생리작용을 한다고 생각되는 구조

가정아 假頂芽 false terminal bud
정아가 제거되면, 바로 그 옆에 정아처럼 발달하는 눈 또는 싹

가지치기, 전정 剪定 prunning
밀도가 높은 가지를 솎거나 고사한 가지 또는 위험한 가지를 제거 하는 등
수목의 생육을 위해 가지를 자르는 것

각질소, 각피질, 큐틴 角質素, 角皮質 cutin
식물 표피세포의 가장 바깥층인 각피를 형성하는 물질로서 지방산류가
중합된 단단한 물질

각피, 각질층 角皮 cuticle
식물체, 특히 잎의 가장 바깥쪽에 발달한 지방성 물질층으로
큐틴(cutin)으로 이루어져 있으며, 기계적 보호작용, 수분증발 방지 등의
기능이 있음

각피질 = 각질소, 큐틴

간맹아 幹萌芽 stump sprout
줄기에서 트는 움

갈래꽃　離瓣花　schizopetalous flower / archichlamydeae
꽃잎 또는 화피가 나타나지만 한 장 한 장 떨어져 달리는 꽃의 종류

강모　剛毛　bristle
딱딱하고 빳빳한 털

갖춘꽃 = 완전화

갖춘잎 = 완전엽

개과　蓋果　pyxis
과피가 성숙하면 과실의 가로축에 수평으로 틈이 생겨 윗부분이 떨어지는
삭과의 일종

개방생장　無限生長　open growth
생장하고 있는 정단분열조직과 같이 끝눈 생장으로 인해 제한되거나
정지하지 않은 줄기

갯솜조직 = 해면조직, 해면유조직

거대세포　巨大細胞　syncytium
하나의 세포벽으로 둘러싸여 있는 다핵의 커다란 원형질 덩어리

겉씨식물, 나자식물　裸子植物　gymnosperm
배주가 심피에 싸여있지 않고 나출되어 있거나 잎이나 줄기가 변형된
비늘조각에 의해 불완전하게 싸여있는 식물

겨드랑눈 = 액아

겨울눈 = 동아

격벽　隔壁　septum (pl. septa)
세포분열 전에 생긴 벽으로 세포벽과 세포벽이 결합된 부분

격벽형성체　隔壁形成體　phragmoplast
유사분열 말기에 세포판이 형성될 때 딕티오솜 또는 소포체에서 유래된
소낭을 세포의 중앙에 오도록 하는 형성체

견과　堅果　nut
단단한 과피와 깍정이에 싸여 있는 나무열매

경침   硬針   thorn
가지의 끝이나 전체가 가시로 변화된 것

곁눈, 측아   側芽   lateral bud
정아의 측면에 각도를 가지고 발달하는 눈으로, 가지 끝의 정아에 대비되는 용어

곁뿌리, 측근   側根   lateral root
원뿌리에서 옆으로 가지를 쳐서 갈라져 나온 작은 뿌리

공기뿌리, 기근   氣根   aerial root, knee root, aerating root
땅속에 있지 않고 공기 중에 뻗어 나와 기능을 수행하는 뿌리

공변세포   孔邊細胞   guard cell
식물체 내 이산화탄소 등의 기체출입과 증산작용을 조절하는 기공을 이루는 세포

공생   共生   symbiosis
두 종류의 생물체간에 서로 도움을 주고 받는 현상

과병   果柄   pedicel
열매 또는 포자낭을 달고 있는 짧고 작은 버팀 줄기

과실 = 열매

과실흔   果失痕   fruit scar
과실은 성숙하여 결과지와 과경사이에 이탈층이 형성되어 저절로 낙과하였을 때, 과실이 붙어 있던 결과지 부위의 코르크층이 발달되어 남은 흔적

관다발, 유관속   維管束   vascular bundle
물질의 통로역할을 하는 물관부와 체관부 및 섬유세포로 이루어진 식물 기관

관다발부름켜 = 유관속형성층, 관다발형성층

관다발조직 = 유관속조직

관다발형성층 = 유관속형성층

관모 冠毛   pappus
국화과 식물 등의 하위씨방의 윗부분에 붙어 있는 털 모양의 돌기로
갓털이라고도 함

관목, 작은키나무 灌木   shrub
높이가 2m 이내이고 주줄기가 분명하지 않으며 밑동이나 땅속
부분에서부터 줄기가 갈라져 나온 나무

관속흔 管束痕   bundle scar
엽흔에 남아있는 관속조직이 잘려나간 자국

광타원형 廣惰圓形   oval
긴 지름과 짧은 지름의 차이가 적고 원형에 가까운 타원형

광합성 光合成   photosynthesis
녹색식물이나 그 밖의 생물이 빛에너지를 이용해 이산화탄소와 물로부터
유기물을 합성하는 작용

광호흡 光呼吸   photorespiration
빛의 존재 하에서 식물에 일어나는 호흡

괴경, 덩이줄기 塊莖   tuber
다년생 초본식물의 영양증식 기관의 하나로, 땅속줄기 일부분이
비대성장하여 양분을 축적한 줄기의 특수형태

교목, 큰키나무 喬木   arbor
관목에 대응되는 말로서, 키가 2m 이상 또는 8m 이상 자라며 원줄기가
뚜렷하게 발달하는 나무

교호대생 交互對生   decussate
마주보기로 달린 잎이 아래 위 교대로 90도의 방향을 달리하는 것

구과 毬果   cone, strobile
과축 둘레에 목질의 비늘조각이 성숙함에 따라 벌어지는 구과식물의 과실

굴광성 屈光性   phototropism
빛 자극에 대해 반응하는 성질로서 빛 쪽으로 향하면 양의 주광성, 없는
쪽으로 향하면 음의 주광성임

권산화서   卷散花序   drepanium
주요 꽃자루와 그것의 첫 번째 가지가 평행인 식물에서 2차 화축이
발달하는 나선형의 취산화서

균근   菌根   mycorrhiza
식물체 뿌리와 곰팡이의 공생에 의해 만들어진 복합체

그물맥, 망상맥   網狀脈   netted venation
잎맥이 잎몸의 중앙 아래에서 위로 이어지는 큰 맥인 주맥과 여기에서
갈라지는 측맥으로 발달하여 그물모양을 이루는 잎맥으로 대부분의
쌍떡잎식물 잎에 나타남

근관, 뿌리골무   根冠   root cap
근단의 가장 끝부분을 구성하는 뿌리의 정단분열조직에서 바깥쪽을 향하여
증식하는 유조직으로 정단분열조직을 골무처럼 감싸고 있음

근권   根圈   rhizosphere
식물뿌리의 생리작용에 영향을 받는 토양권역

근단분열조직   根端分裂組織   root apical meristem
뿌리 끝의 분열조직

근류, 뿌리혹   根瘤   root nodule
방선균이나 박테리아가 뿌리에 침입하여 형성되는 혹모양의 뿌리조직

근맹아, 뿌리움   根萌芽   root sprout, root sucker
뿌리에서 돋아나는 움

근모, 뿌리털   根毛   root hair
뿌리의 표피세포가 변하여 바깥쪽으로 자라 나와서 된 털로, 토양으로부터
수분이나 영양물을 흡수하는 기능이 있음

근압, 뿌리압   根壓   root pressure
물관의 물을 밀어올리기 위하여 식물 뿌리에 생기는 수압

근원기   根原基   root primordium
유사분열에 의해 뿌리가 되는 초기 세포군

근피 根被 velamen
발생 초기부터 뿌리 선단의 원표피에서 만들어진 조직

급첨두 急尖頭 mucronate
엽선의 끝이 가시 또는 털이 달린 것처럼 급격히 뾰족하면서 긴 형태

기공 氣孔 stoma (pl. stomata)
잎의 뒷면에 있는 공기구멍

기공낭 氣孔囊 stomatal crypt
잎이 함몰되어 표피에 기공이 형성되어 있는 부분

기공복합체 氣孔複合體 stomatal complex
2개의 공변세포와 기공 및 부세포 등을 모두 포함하는 구조

기관학 器官學 organography
현존생물의 기관에 관한 기술을 하는 학문

기근 = 공기뿌리

기는줄기, 포복경 匍匐莖 stolon
땅 위를 기듯이 뻗어나가는 식물의 줄기

기본분열조직 基本分裂組織 ground meristem
원세포(군)에서 파생된 부분 중 장래 기본조직계로분화될 부분

기본조직 基本組織 fundamental tissue, ground tissue
생물의 생장에 기본적으로 필요한 조직

기수우상복엽 奇數羽狀複葉 odd pinnate compound leaf
작은 잎이 끝부분에도 1개가 달리는 홀수의 깃꼴 겹잎

기주 寄主 host
기생체에 기생 당하여 양분을 빼앗기는 식물체

꺾꽂이, 삽목 揷木 cutting
식물의 영양기관의 일부를 모체로부터 절단해서 그것을 흙속에 꽂고 발근,
발아를 시켜 독립된 식물체로 하는 무성번식법

꽃가루, 화분 花粉 pollen, pollen grain
수술 꽃밥 속에 생기는 낱알모양의 성숙한 세포로 유전물질을 가지고 있음

꽃가루관　花粉管　pollen tube
암술머리 위에 수분된 꽃가루에서 뻗어 나와서 밑씨를 향해 가는 관

꽃가루매개자 = 수분매개자

꽃가루받이, 수분　受粉　pollination
종자식물에서 수술의 화분(花粉)이 암술머리에 붙는 일

꽃꼭지 = 꽃자루, 화경

꽃꿀샘　花蜜腺　floral nectary
꽃에서 당을 포함한 점액을 분비하는 기관

꽃눈　花芽　flower bud
식물에서 꽃이 될 눈

꽃받침, 악, 화탁　萼, 花托　calyx
꽃을 구성하는 바깥쪽 화피(花被)

꽃받침조각, 악편　萼片　sepal
꽃받침을 이루는 각 조직이 서로 갈라져 있는 경우 그 떨어져 있는 각각

꽃밥, 약　葯　anther
꽃을 이루는 기관인 수술의 끝 부분으로 그 안에 꽃가루를 담고 있음

꽃잎, 화판　花瓣　petal
화관을 구성하고 있는 나화엽

꽃잎모양, 화판상　花瓣狀　petaloid
화관을 구성하는 나화엽을 화판이라 하는데, 화판이 발톱모양으로 된 것

꽃자루, 화경, 꽃꼭지　花梗　peduncle
하나의 꽃이 화축에 피어있을 때 꽃대와 연결되는 자루(짧은가지)

꿀샘　蜜腺　nectary
식물 분비조직의 일종으로 당을 포함한 점액을 분비하는 기관

끝, 꼭대기　頂端　apex
뿌리, 줄기, 잎 등의 끝

끝눈 = 정아

나노미터   nanometer
길이 단위의 하나로 1×10^{-9}m

나란히맥, 평행맥   平行脈   parallel venation
잎맥이 잎의 긴축 방향으로 거의 평행하게 달리고 있는 것으로 주로
나자식물에서 나타남

나아   裸芽   naked bud
인편에 싸여 있지 아니한 동아

나이테, 연륜, 생장륜   年輪   annual ring
나무를 가로로 잘랐을 때 2기목부와 2기사부의 횡단면에서 볼 수 있는
생장층으로 동심원 모양의 테

나자식물 = 겉씨식물

낙과   落果   fruit abscission
잎, 꽃, 열매, 가지 등 식물체 일부가 떨어지는 것

낙엽   落葉   leaf abscission
잎이 떨어지는 것

낙엽산, 아브시스산   落葉酸   abscisic acid (ABA)
이층의 형성을 촉진하는 식물호르몬

낙엽산 = 아브시스산, 앱시스산

낙엽수   落葉樹   deciduous tree
잎의 수명이 1년이 채 안되어 휴면기에는 잎을 가지지 않는 수목

낙화   落花   floral abscission
잎, 꽃, 열매, 가지 등 식물체 일부가 떨어지는 것

난형   卵形   ovate
달걀 같이 하반부의 폭이 가장 넓은 모양

내벽   內壁   intine
안팎 두 겹의 벽(막)으로 싸인 구조에서 안쪽의 것

내세포작용, 세포내 섭취   內細胞作用, 細胞內攝取   endocytosis
세포가 물질을 밖으로부터 안으로 세포막을 이용하여 삼키는 작용

내초 內鞘 pericycle
양치식물, 종자식물의 안쪽 껍질에 접하는, 유세포로 이루어진 유조직의
세포층

내피 內皮 endodermis
유관속식물 뿌리의 조직 바깥표면과 중심주 사이에 있는 한 줄의 세포층

노화 老化 senescence
형태적, 기능적으로 성숙기에 도달한 각 조직이나 기관이 시간의 경과와
함께 비가역적인 퇴행성으로 그 형태를 변화시켜, 기능이 감퇴되어 가는
과정

농도구배, 농도기울기 濃度勾配 concentrationgradient
농도가 한쪽에서 다른 쪽으로 단계적으로 변화하는 것

농도기울기 = 농도구배

누렁 = 황화

눈따기, 적아 摘芽 nipping
눈이 트려 할 때에 필요하지 않은 눈을 손끝으로 따주는 것

늘푸른나무 = 상록수

다간, 다수간 多幹, 多樹幹 multiple trunk
서로 몇 센티 이내에서 지면으로부터 2개 이상의 수간이 자라는 것

다세포생물 多細胞生物 multicellular organism
여러 개의 세포가 모여서 이루어진 하나의 생물체

다수간 = 다간

단각과 短角果 silicle
각과(角果) 중에서 폭이 넓고 장축이 짧은 과실

단맥 短脈 single vein
잎에 주맥 한 가닥만이 발달하는 것

단성화 單性花 unisexual flower
꽃 하나에 암술과 수술 중 한 가지만 존재하는 꽃

단엽 單葉 simple leaf
잎이 작게 갈라져 있지 않고, 하나로 되어 있는 잎

단정화서 單頂花序 solitary inflorescence
가지나 꽃대 끝에 1개의 꽃이 피는 화서

단주화 短柱花 thrum
수술이 길고 암술이 짧은 꽃

단지 短枝 spur, short shoot, dwarf shoot, spur shoot
마디 사이가 아주 짧은 가지

단체웅예 單體雄蕊 monodelphous stamen
여러 개의 수술대가 단일구조로 융합한 복합체

대목 臺木 rootstock, understock
접목에 쓰이는 바탕나무로서 뿌리가 있는 쪽

대배우자 大配偶者 macrogamete
배우자의 크기에 큰 차이가 있을 때 큰 쪽

대생 對生 opposite
식물 줄기의 마디에서 잎이 2개씩 마주보고 붙어 나는 것

덩굴손 卷鬚 tendril
덩굴성 식물에서 물체를 감을 수 있게 변형된 식물의 한 부분

덩이줄기 = 괴경

도관요소 導管要素 vessel element
도관을 구성하는 개개의 세포

도난형 倒卵形 obovate
거꾸로 선 달걀 같이 상반부의 폭이 가장 넓은 모양

도심장형 倒心臟形 obcordate
염통모양이 아래 위가 거꾸로 된 모양

도장지, 웃자람지 徒長枝 epicormic shoot, water sprout
가지 가운데 세력이 왕성하여 지나치게 웃자란 가지

도피침형 倒披針形 oblanceolate
창을 거꾸로 세운 것 같은 잎의 형태

독립영양생물 獨立營養生物 autotroph
자신이 필요로 하는 유기물을 스스로 합성하여 살아가는 생물

돌려나기 = 윤생

동아, 겨울눈 冬芽 winter bud
온대지방에서 계절적 요인에 따라 생장하지 않고 쉬고 있는 눈으로서,
여름부터 가을에 걸쳐 생겨난 뒤 겨울동안 쉬고 있다가 다음해 봄에 싹을
틔움

두상꽃차례, 두상화서 頭狀花序 capitulum
꽃차례축의 끝이 원판형으로 되어 그 위에 꽃자루가 없는 작은 꽃들이
밀집하여 달리는 머리 모양의 꽃차례로 무한화서의 일종

두상화서 = 두상꽃차례

둔거치 鈍鋸齒 crenate
잎 가장자리에 생긴 폭이 넓고 무딘 톱니

둔두 鈍頭 obtuse
잎몸이나 꽃받침조각, 꽃잎 등의 끝이 무딘 모양

떡잎, 자엽 子葉 cotyledon
씨앗의 속에 있는 배에서 가장 처음으로 나온 잎

리그닌, 목질소 木質素 lignin
2기생장을 하는 관다발 식물의 물관부에 다량으로 존재하여 목질화시키는
고분자물질

리보핵산, RNA 一核酸 ribonucleic acid
핵산의 일종으로, 유전자 본체인 디옥시리보핵산(DNA)이 가지고 있는
유전정보에 따라 필요한 단백질을 합성할 때 직접적으로 작용하는 고분자
화합물

마디 節 node
식물의 줄기에서 잎이 나는 위치

마디간 = 마디사이, 절간

마디사이, 절간, 마디간　節間　internode
가지의 잎이 달려있는 부분과 그 다음 잎이 달려있는 부분 사이

막질　膜質　membranous
얇고, 부드러우며, 유연한 반투명으로 막과 같은 상태

만경목　蔓莖木　vine
덩굴이 발달하는 나무로 줄기가 곧게 서서 자라지 않고 땅바닥을 기든지,
다른 물체를 감거나 타고 오르는 것

만재, 추재　秋材　late wood
늦여름에서 가을까지 생성된 목부세포로, 세포의 크기가 작고 세포벽이
두꺼우며, 짙은 색을 보임

망상　網狀　reticulate
잎의 표면이 빛깔의 차이 혹은 주름으로 인해 그물처럼 보이는 것

망상맥 = 그물맥

맹아지발생　萌芽枝發生　sprouting
부정아나 잠아로부터 신초가 발생하는 것

목본식물　木本植物　woody plant
줄기 및 뿌리에서 비대성장에 의해서 다량의 목부를 형성하고 그 막은 대게
목질화해서 견고한 식물

목부, 물관부　木部　xylem
유관속의 구성요소의 하나로서 도관, 가도관, 목부섬유, 목부 유조직
등으로 되어 있는 복합조직으로 수분과 양분의 통로이면서 나무의 기계적
지지의 역할을 하는 부분

목질소 = 리그닌

무배유종자　無胚乳種子　exalbuminous seeds
성숙단계에 있어서 배유를 함유하지 않은 종자로 배만 있으며 자엽부가
매우 살쪄 그 속에 많은 양분을 저장하고 있음

무병엽 無柄葉 sessile leaf
엽병을 형성하지 않고 엽신이 직접 줄기와 접착하는 잎

무한생장 無限生長 indeterminate growth
생장하고 있는 정단분열조직에서와 같이 끝눈 생장으로 인해 제한되거나
정지하지 않은 줄기나 가지의 생장

무한화서 無限花序 indeterminate inflorescence
꽃의 형성 및 개화의 순서가 아래에서 위로, 가장자리에서 가운데로 차차
피어가는 화서로서 총상화서, 수상화서, 산방화서, 산형화서, 원추화서
등이 있음

물관부 = 목부

미상 尾狀 caudate
잎의 끝이 가늘고 길게 신장하여 동물의 꼬리 같은 모양을 이룬 것

미상화서 尾狀花序 ament, catkin
화축이 하늘로 향하지 않고 밑으로 처지는 꽃차례로 꽃잎이 없고 포로싸인
단성화

박과 瓠果 pepo
성숙 전후 모두 열리지 않는 육질성 열매로, 껍질이 두껍고 많은 씨가 들어
있음

반곡 反曲 revolute
잎 따위의 끝이 바깥쪽으로 말린 모양

발아 發芽 germination
식물의 종자, 포자, 화분 및 가지나 뿌리 등에 생긴 싹이 발생 또는 생장을
개시하는 현상

발아구 發芽口 aperture
관속식물의 포자나 화분이 발아하도록 표벽에 있는 얇은 막이나 구멍

배, 씨눈 胚 embryo
씨 속에 있는 발생초기의 어린 자엽(子葉), 배축(胚軸), 유아(幼芽),
유근(幼根)의 네 가지로 구성

배꼽 臍 hilum
씨에 남아 있는 흔적으로, 종자가 배주의 자루에 부착했던 흔적

배상화서 盃狀花序 cyathium
잎이 변형한 작은 포엽(包葉)에 싸여 배상을 이루고, 그 속에 몇 개의
퇴화한 수꽃과 중심 1개의 암꽃이 있는 화서

배젖 胚— endosperm
배가 자라는 데 필요한 양분을 저장하는 곳

배주 胚珠 ovule
자방 안에 있고 뒤에 종자로 되는 기관

벽공 壁孔 pit
세포벽이 비후되는 과정에서 생긴 구멍 모양의 구조

벽공구 壁孔口 pit aperture
벽공의 입구

벽공막 壁孔膜 pit membrane
2개의 벽공 사이에 있는 중간층과 1차벽

변재 邊材 sapwood
최근에 만들어진 목부조직으로 빛깔이 연한 목재의 바깥 부분

병아 柄芽 stalked bud
자루가 달린 눈

보호층 保護層 protective layer
잎이나 기타 기관이 이탈한 자리에 수분삼투를 방지하기 위해 형성된
세포층

복엽 複葉 compound leaf
2개 이상의 작은 잎으로 이루어진 잎의 모양

복와상 覆瓦狀 imbricate
꽃잎이나 꽃받침조각이 마치 기왓장처럼 포개져 있는 상태

복자예 複雌蕊 compound pistil
2개 이상의 심피로 이루어진 암술

부아 副芽 accessory bud
1개의 잎겨드랑이에 2개 이상의 눈이 달릴 때 가운데의 가장 큰 것을
제외한 양쪽에 나는 곁눈의 일종

부정근 不定根 adventitious root
줄기에서 2차적으로 발생하는 뿌리

부정아 不定芽 adventitious bud
정해진 부위에 생기는 끝눈, 겨드랑눈, 덧눈 등과 달리 일반적으로 눈이
생기지 않는 부위에 생기는 눈

분리과 分離果 schizocarp
여러 개의 씨앗을 가진 건조한 열매가 1개의 씨앗을 가진 몇 조각 또는 몇
마디로 분리하는 열매

분리층 = 이층

분열조직 分裂組織 meristem
세포분열로 새로운 세포를 만드는 조직

불완전화, 안갖춘꽃 不完全花 imperfect flower, incomplete flower
수술과 암술 중 하나가 같은 꽃 안에 만들어지지 않는 꽃

비정상지 非正常枝 abnormal shoot
제 위치나 제 계절에서 벗어난 줄기

뿌리계 根系 root system
식물을 구성하는 기관 중 지하에서 생장하는 부분 전체

뿌리골무 = 근관

뿌리압 = 근압

뿌리움 = 근맹아

뿌리털 = 근모

뿌리혹 = 근류

사간 斜幹 slanting trunk
비스듬히 자라고 있는 줄기

4강웅예　四强雄蕊　tetradynamous stamen
6개의 수술 중 2개가 다른 것보다 짧고 4개가 긴 것

4배체　四倍體　tetraploid
배수체의 일종으로 기본수의 4배의 염색체를 가진 개체

삭과　蒴果　capsule
열매 속이 여러 칸으로 나뉘어져서, 각 칸 속에 많은 종자가 들어있는
구조의 열매

산공재　散孔材　diffusive-porous wood
활엽수재의 분류형 중에 물관이 나이테 속에 균일하게 존재하는 것

산방화서　織房花序　corymb
꽃이 수평으로 한 평면을 이루는 것으로서 화서 주축에 붙은 꽃자루는 밑의
것이 길고 위로 갈수록 짧아짐

산형화서　傘形花序　umbel
많은 꽃자루가 꽃대의 끝부분에서 나와 방사선으로 퍼져서 피는 꽃차례

삼간　三幹　triple trunk
뿌리부근에서 줄기가 셋으로 갈라진 수목의 형태

삼체웅예　三體雄蘂　triadelphous stamen
3개의 묶음으로 된 꽃실에 의해 합쳐진 수술을 가진 것

삼투　滲透　osmosis
물질이 막을 지나서 확산하는 현상

삼핵융합　三核融合　triple nuclear fusion
합점 쪽에 있는 3개의 핵이 서로 융합하는 것

삼화주성　三花柱性　tristyly
암술대의 길이가 서로 다른 3가지인 경우

3회우상복엽　三回羽狀複葉　tripinnatecompoundleaf
작은 잎의 분열 횟수가 3회인 우상복엽

삽목 = 꺾꽂이

삽수 揷繡 scion
삽목에 쓰이는 줄기, 뿌리, 잎

상구조직 = 유합조직

상록수, 늘푸른나무 常綠樹 evergreen tree
계절에 관계없이 잎이 항상 푸른나무

상리공생, 공생 相利共生, 共生 mutualism, symbiosis
편리공생에 대비되는 용어로, 두 종류의 생물체간에 서로 도움을 주고 받는
현상

상배엽 上胚葉 epiblast
생물의 발생 초기단계에서 배가 형성될 때 배의 가장 바깥을 덮는 세포들의
무리

상향지 上向枝
위로 향해 자라는 가는 가지들

새순, 신초 新梢 bud, shoot
새로 돋아나는 순

생물형 生物型 biotype
한 개체로부터 무성생식을 통하여 번식한 subrace 등 유전적 조성이
균일한 개체군

생식세포 生殖細胞 generative cell
성세포 또는 배우자로 난자, 정자를 의미함

생장륜 = 나이테, 연륜

생장점 生長點 growing point
식물의 줄기와 뿌리의 끝에서 세포의 증식기관 형성과 같이 두드러진 형성
활동을 하는 부분

생장조절물질 生長調節物質 growth regulator
식물의 생장, 즉 세포의 신장, 분열, 활성화 등을 조절하는 물질

생장호르몬 生長 hormone, growth hormone (GH)
식물의 생장을 조절하는 물질로서 합성된 장소로부터 다른 장소로
이동하여 기능을 발휘함

생체내 生體內 *in vivo*
생물체(기주) 내에서 이루어지는

생태계 生態系 ecosystem
어떤 공간 안의 생물군과 그들에 영향을 미치는 무기적 환경요인이 종합된
복합 체계

생태학 生態學 ecology
생물 상호간의 관계 및 생물과 환경과의 관계를 연구하여 밝혀내는 학문

생활사, 생활환 生活史, 生活環 life cycle
한 생명체의 생장과 발달 단계 등 그 생물의 출현으로부터 소멸 사이에
일어나는 모든 사건을 순차적으로 정리한 것

생활환 = 생활사

선택적 투과성 選擇的透過性 selective permeability
목적에 따라 선택적으로 투과시키는 성질

선형 線形 linear
길이가 너비의 5배에서 10배 정도이며 잎의 양쪽 가장자리가 거의 평행을
이루는 모양

섬모 纖毛 cilium
짚신벌레 같은 원생동물의 세포 표면에 있는 짧은 털모양의 구조물로
운동기능을 가지고 있음

섬유소, 셀룰로스 纖維素 cellulose
식물 중에 포함되는 섬유를 구성하는 분자

섬유소분해효소, 셀룰라제 纖維素分解酵素 cellulase
셀룰로오스의 가수분해를 촉매하는 효소

섭합상 鑷合狀 valvate
꽃받침조각, 꽃잎 등의 배열양상으로 서로 만나는 조각의 가장자리가
포개지지 않는 모양

성모 星毛 stellate
잎이나 열매 등의 표면에 생기는 털의 한 종류로서 털이 한 가닥이 아니고
방사상으로 여러 갈래로 갈라져 마치 별모양처럼 보이는 것

세근 = 실뿌리

세포 細胞 cell
모든 생물의 기능적, 구조적 기본단위

세포간, 세포사이 細胞間 intercellular
세포와 세포사이

세포간극 細胞間隙 intercellular space
식물 조직 중에서 세포벽과 세포벽 사이의 공간

세포내 공생 細胞內共生 endosymbiosis
한 생물체가 다른 생물체의 내부에 존재하면서 공생하는 것

세포내 섭취 = 내세포작용

세포벽 細胞壁 cell wall
세포의 가장 바깥에 존재하며 세포를 보호하고 모양을 유지하는 역할을
하며, 식물, 세균, 곰팡이 등이 가지고 있음

세포사이 = 세포간

세포소기관 細胞小器官 cell organelle
원형질의 일부가 특수하게 분화하여 일정한 기능을 가지는 유기적 단위로
된 세포 내의 구조

세포질 細胞質 cytoplasm
원형질에서 핵을 제외한 나머지 부분

셀룰라제 = 섬유소분해효소

셀룰로스 = 섬유소

소독제 消毒劑 disinfestant
식물체의 기관이나 조직 등이 감염되지 않도록 깨끗하게 만들어 주는 물질

소수화서 小穗花序 spikelet
작은 이삭으로 구성되어 있는 꽃차례

소엽 小葉 leaflet
복엽을 이루고 있는 잎구조에서 작은 하나하나의 잎

소엽병 小葉柄 petiolule
겹잎을 이루는 작은 잎의 잎자루

소지 = 잔가지

소포체 小胞體 endoplasmic reticulum (ER)
모든 진핵생물의 세포 안에 존재하는 막상구조로서 세포내
망상구조라고도 함

속, 수 髓 pith
식물체의 축성기관에서 관상으로 배열되어 관다발로 둘러싸여 있는
내부로서, 목본식물에서는 줄기의 가장 중심부를 일컬음

속씨식물, 피자식물 被子植物 angiosperm
생식기관으로 꽃과 열매가 있는 종자식물 중 밑씨가 씨방 안에 들어 있는
식물

수 = 속

수과 瘦果 achene
식물 열매의 한 종류로 열매가 익어도 껍질이 갈라지지 않는 형태

수관 樹冠 crown
주간에서 갈라져 나온 줄기로부터 가지와 잎 모두를 포함하는 부분

수분 = 꽃가루받이, 가루받이

수분매개자, 꽃가루매개자 花粉媒介者 pollinator
꽃가루를 암술머리에 옮겨 가루받이를 이루게 하는 운반자

수분퍼텐셜 water potential
단위량의 수분이 갖는 잠재에너지로서 식물에서는 흡수력과 관계있음

수상화서 穗狀花序 spike
길고 가느다란 꽃차례 축에 꽃자루가 없는 작은 꽃이 조밀하게 달린 꽃차례

수생식물 水生植物 hydrophyte
습기가 많은 물가나 습원에 생육하는 식물

수술   雄蕊   stamen
꽃을 이루는 기관으로 생식세포인 꽃가루를 만드는 장소

수액   樹液   sap
땅속에서 나무의 줄기를 통하여 잎으로 향하는 액

수직분열, 수층분열   垂直分裂, 垂層分裂   anticlinal division
줄기의 직경을 증가시키는 분열

수직저항성   垂直抵抗性   vertical resistance
병원균의 특정 레이스에는 완전한 저항성을 나타내나 다른 레이스에는
감수성을 나타내는 저항성

수층분열 = 수직분열

순지르기, 적순, 적심, 순집기   摘筍, 摘芯   decapitation, topping
줄기에서 뻗어 나오는 가지를 줄여주거나 꽃과 열매의 개체수를 줄이기
위해 생장점이 있는 새순을 잘라 제거하는 것

순집기 = 순지르기, 적순, 적심

슈트계, 지상계   地上界   shoot system
줄기, 잎, 눈, 꽃 등의 지상부에 존재하는 식물 기관

시과   翅果   samara
시과 씨방의 벽이 늘어나 날개모양으로 달려 있는 열매

식물병리학   植物病理學   phytopathology
식물병의 원인과 이치에 대하여 공부하는 학문으로, 일반적으로 방제까지
포함함

식피율   植被律
일정 면적 중 각 식물이 점령하는 면적을 계산하여 그 비율을 피도로써
나타낸 것

신장형   腎臟型   reniform
콩팥 모양

신초, 햇순   新梢   shoot, new shoot
새가지, 당년에 자라난 가지

실뿌리, 세근 細根 feeder root, fine root, rootlet
식물체 줄기의 기부에서 발생하는 실같이 가느다란 뿌리 또는 실뿌리

심장형 心腸形 cordate
식물의 잎. 열매 등의 부분이 심장과 비슷한 형태를 가진 것

심재 心材 heartwood
나무의 중심인 수심 쪽 짙은 색깔의 목질부분

심파상 心波狀 sinuate
잎의 가장자리가 크게 패여서 물결모양을 이루는 것

심플라스트 symplast
세포의 살아있는 부분으로 액포를 제외한 원형질 부분

심피 心皮 carpel
꽃의 암술을 구성하는 부분으로 씨가 만들어지는 부분

쌍간 雙幹 twin trunk
주지의 역할을 공동으로 수행하는 수목의 다소 중앙에서 발생한 두 개의
동일세력 줄기

씨, 종자 種子 seed
겉씨식물과 속씨식물에서 수정한 밑씨가 발달. 성숙한 식물기관

씨눈 = 배

아린 芽鱗 bud scale
겨울눈을 보호하고 있는 비늘모양의 껍질

아린흔 芽鱗痕 bud scale scar
눈이 틀 때 아린이 떨어져 나가고 남은 흔적

아브시스산 = 낙엽산, 앱시스산

아포플라스트 apoplast
원형질막 외측의 세포간극, 원형질이 없는 도관이나 가도관과 같은
자유공간

악 = 꽃받침, 화악

암수딴그루, 자웅이주, 이가화   雌雄異株, 二家花   dioecious, dioecism
암꽃과 수꽃이 각각 다른 그루에 피는 식물(예: 아스파라가스, 은행나무 등)

암수한그루, 자웅동주, 일가화   雌雄同株, 一家花
monoecious, monoecism
암꽃과 수꽃이 같은 그루 위에 생기는 꽃으로서 자가수분 또는
타가수분을 함

암술   雌蘂   pistil
꽃을 구성하는 중요부분으로 수술에 둘러싸인 꽃의 중심부에 있는
자성생식기관

암술군   雌蘂群   gynoecium
하나의 꽃에 있는 암술 또는 심피 전체를 지칭하는 말

암술대, 화주   花柱   style
암술의 주두(암술머리)와 자방(씨방) 사이를 차지하는 조직

암술머리, 주두   柱頭   stigma
꽃가루를 받는 암술의 머리 부분

액아, 겨드랑눈   腋芽   axillary bud
잎겨드랑이에 달리는 눈으로, 일반적으로 꽃눈이 되는 경우도 있고 줄기
손상시 가지에서 새로운 줄기를 내놓기 위해 준비된 눈인 경우도 있음

앱시스산 = 낙엽산, 아브시스산

약 = 꽃밥

양성화   兩性花   bisexual flower, hermaphrodite flower
한 꽃에 암술, 수술이 모두 들어 있는 꽃

양액재배   養液栽培   solution culture
작물의 생육에 필요한 양분을 수용액으로 만들어 재배하는 방법

양체웅예   兩體雄蘂   diadelphous stamen
콩과식물에서 볼 수 있는 것으로 화사가 두 개로 합쳐져 수술이 두 개의
군으로 묶여진 것

얼룩   mottle
한 가지 색으로 되어야 할 조직이 두 가지 이상의 다른 색 또는 같은
색이라도 부분적인 농담의 차이로 인해 나타나는 증상

엘라이자법 = 효소면역항체검정법

여름포자, 하포자   夏胞子   urediospore
녹병균이 만드는 전파포자로서 온습도 조건이 좋으면 여러 차례
반복적으로 발생하며 활발하게 전파됨

여름포자퇴, 하포자퇴   夏胞子堆   uredium (pl. uredia)
녹병균의 포자형성 구조체에 만들어진 여름포자 덩어리

역지   力枝   largest spreading branch
으뜸가지, 수목의 가장 굵은 가지

연륜 = 나이테

연재   軟材   soft wood
재질이 비교적 연질인 목재로, 침엽수가 이에 해당됨

열매, 과실   果實   fruit
사람들이 식용으로 하는 식물의 결실물

염색체   染色體   chromosome
진핵세포에서 유사분열 때 잘 보이고 염기성 색소에 잘 염색되는 소체로서
유전정보들을 가지고 있음

엽두 = 엽정, 엽선, 잎끝

엽록소, 잎파랑치   葉綠素   chlorophyll
잎의 엽록체 속에 존재하며, 빛 에너지를 유기 화합물 합성으로
화학에너지로 바꾸는 녹색 색소

엽록조직   葉綠組織   chlorenchyma
엽록체를 함유하고 있는 유연조직

엽록체, 잎파랑체   葉綠體   chloroplast
식물의 세포소기관 중 하나로 광합성을 하는 곳

엽맥, 잎맥   葉脈   vein, leaf vein
잎에 형성된 유관속계를 말하며, 엽육을 지지하고 수분, 양분의 통로가
되는 곳

엽병, 잎자루   葉柄   petiole
식물의 잎을 지탱하는 부분으로 잎몸과 줄기사이 부분

엽서, 잎차례   葉序   phyllotaxis
잎이 줄기와 가지에 달리는 모양

엽선 = 엽정, 엽두, 잎끝

엽성   葉性   leaf characteristics
잎의 대소, 장단, 두껍고 얇은 성질

엽신, 잎몸   葉身   leaf blade
잎이 넓어진 부분으로 잎사귀를 이루는 넓은 몸통 부분

엽아 = 잎눈

엽액, 잎겨드랑이   葉腋   leaf axil
식물의 가지나 줄기에 잎이 붙은 자리

엽연, 잎가장자리   葉緣   leaf margin
잎의 가장자리 부분

엽원기, 잎원기   葉原基   leaf primordium (pl. primordia)
발생 초기에 있는 배적 상태의 잎

엽육, 잎살   葉肉   mesophyll
잎의 표피와 잎맥을 제외한 나머지 녹색의 부분

엽저   葉底   leaf base
잎몸(엽신)의 가장 아랫부분

엽적   葉跡   leaf trace
줄기의 마디에 잎이 붙을 때 줄기부터 잎으로 들어가는 유관속

엽정, 엽선, 엽두, 잎끝   葉先, 葉頂, 葉頭   leaf apex
엽신의 선단부

엽초, 잎싸개　葉鞘　fascicle sheath
잎의 기부가 칼집 모양으로 되어 줄기를 싸고 있는 것 같이 된 부분으로,
화분과를 비롯하여 외떡잎식물의 많은 종류에서 관찰 할 수 있음

엽침　葉枕　spine
잎자루의 아랫부분이 변하거나 잎이 달리는 부분의 줄기가 비후하여
튀어나온 바늘모양 구조

엽흔, 잎자국　葉痕　leaf scar
잎이 떨어진 뒤에 줄기에 남는 흔적으로 원형, 타원형, 삼각형, 반원형,
환형 등이 있음

영양기관　營養器官　vegetative organ
식물의 중요한 기관 중에서 뿌리, 줄기, 잎과 같이 식물의 생식과는
관계없이 생장하고 지지하고 유지되는데 관여하는 기관

영양분열조직　營養分裂組織　vegetative meristem
영양기관이 발달하는 슈트의 정단부 분열조직

예거치　銳鋸齒　serrate
잎 가장자리의 톱니처럼 날카로운 모양

예두　銳頭　acute
날카로운 잎 끝

예저　銳底　acute
밑 모양이 좁아지면서 뾰족한 것

예철두　銳凸頭　cuspidate
잎의 끝이 침끝 같이 뾰족한 경우

예첨두　銳尖頭　acuminate
잎의 끝이 극히 뾰족한 끝으로 예철두보다는 덜, 예두보다는 더 뾰족한
상태

완전엽, 갖춘잎　完全葉　complete leaf
엽편, 엽병, 탁엽을 완전하게 갖춘 잎

완전화, 갖춘꽃   完全花   complete flower
화피(꽃받침), 수술, 암술을 모두 갖추고 있는 꽃

외과피   外果皮   exocarp
열매의 가장 바깥쪽에 있는 껍질

외균근 = 외생균근

외배엽   外胚葉   epiblast
생물의 발생 초기단계에서 배(胚)가 형성될 때 배의 가장 바깥을 덮는
세포들의 무리

외부기생체   外部寄生體   ectoparasite
기주의 외부에서 기주로부터 양분을 섭취하는 기생체

외생균근, 외균근   外生菌根, 外菌根
                    ectomycorrhizae, ectotrophic mycorrhiza
균근 중 균사가 고등식물의 뿌리를 덮고 그 표면, 또는 표면에 가까운 조직
속에 번식하여 균사는 세포간극에 들어가지만 뿌리의 세포 내에까지
침입하지 않는 균근

요두   凹頭   emarginate
잎몸이나 꽃잎의 끝이 오목하게 파인 모양

우상맥   羽狀脈   pinnately veined
새의 깃 모양으로 좌우로 갈라진 잎맥

우상복엽   羽狀複葉   pinnate compound leaf
잎자루의 양쪽에 작은 잎이 새의 깃 모양을 이룬 복엽

우수우상복엽   偶數羽狀複葉   even pinnate compound leaf
잎에서 끝부분에 작은 잎이 없는 깃 모양의 복엽

울타리유조직 = 울타리조직, 책상유조직, 책상조직

울타리조직, 울타리유조직, 책상유조직, 책상조직   柵狀柔組織, 柵狀組織
                                              palisade parenchyma
잎의 표피 밑에 있는 길쭉한 조직

울폐도 鬱閉度
임목의 수관과 수관이 서로 접하여 이루고 있는 임관의 폐쇄 정도

웃자람지 = 도장지

웅예 雄蕊 stamen
종자식물에서 꽃가루를 만드는 꽃의 수기관으로 꽃밥과 수술대로 이루어짐

웅예선숙, 자웅이숙 雄蕊先熟, 雌雄異熟 protandry
양성화에서 수술이 암술보다 먼저 성숙하는 현상

웅예선숙 = 자웅이숙

웅예화, 웅성화 雄蕊花, 雄性花 staminate flower
수술이 성숙하고 퇴화하여 없거나 발육이 불완전한 단성의 꽃

원기 原基 primordium
개체발생에서 어떤 기관이 형성될 때, 그것이 형태적, 기능적으로 성숙하기
이전의 예정재료 혹은 그 단계

원두 圓頭 rounded
잎몸이나 꽃잎 등의 끝이 둥근 모양을 이룬 경우

원뿌리, 주근, 직근 主根, 直根 tap root
배에서 발생하여 가장 중심이 되는 뿌리 또는 곧은 뿌리

원생동물 原生動物 protozoa
원생동물계에 속하는 생물들로, 식물병원체로는 점균류, 무사마귀병균류,
편모충류 등이 포함됨

원생목부 = 초생물관부

원생사부 = 초생체관부

원추화서 圓錐花序 panicle
모두송이꽃차례 또는 이삭꽃차례 등의 축이 갈라져서 전체적으로
원뿔모양을 이룬 꽃차례

원표피 原表皮 protoderm
표피가 형성되어 지는 분열조직 또는 분열조직 단계의 표피

원피층 原皮層 periblem
피층을 형성하는 분열조직

원형 圓形 orbicular
전체적으로 둥근 잎이나 꽃잎 등의 모양

원형질 原形質 protoplasm
세포막의 안에 있는 모든 것을 총칭하는 용어로서 세포질과 핵질로
이루어짐

원형질막 原形質膜 plasmalemma
세포 내부를 채우고 있는 원형질의 가장 바깥쪽의 얇은 막

원형질분리 原形質分離 plasmolysis
세포액이 탈수되어 세포가 수축하면 원형질막이 쭈그러 들어
세포막으로부터 떨어지는 현상

원형질연락사 原形質連絡絲 plasmodesma (pl. plasmodesmata)
세포벽을 관통하고 있는 세포질사로서 세포간 다리를 형성함

원형질체 原形質體 protoplast
세포벽이 제거된 식물세포로서 내부에 세포막, 세포질, 핵 및
세포소기관들이 있음

위웅예, 헛수술 僞雄蘂 staminode
퇴화 웅예로 발육 부진의 불임성 수술

유관 乳管 laticifer
유액을 갖고 있는 분비구조

유관속 = 관다발

유관속조직, 관다발조직 維管束組織 vascular tissue
목부와 사부를 총칭하는 용어로 고등 식물에서는 유관속계를 형성하며,
식물체내에서 물과 무기물질 및 광합성으로 생긴 당 등을 장거리 수송하기
위해서 특수화된 조직

유관속형성층, 관다발형성층, 관다발부름켜 維管束形成層
vascular cambium
2기 식물체를 만드는 분열조직

유관속흔 維管束痕 bundle scar
식물체의 표면에 남겨진 물관과 체관이 지나간 자리

유근 幼根 radicle
씨 속의 배에서 나온 최초의 뿌리

유근초 幼根鞘 coleorrhiza
유근과 근관을 둘러싸고 있는 조직

유모 柔毛 pubescent
부드럽고 짧은 털

유세포 柔細胞 parenchymacell
여러 가지 생리기능을 수행하는 살아있는 세포를 말하며 크기, 형태,
구조가 다양함

유액 乳液 latex
탄성고무를 포함한 유세포와 유관에 들어있는 식물유액

유저 流底 attenuate
잎몸의 양쪽 가장자리 밑에 잎자루를 따라 합치지 않고 날개처럼 된 밑부분

유전공학 遺傳工學 genetic engineering
유전자의 인위적인 다양한 조작 또는 작업(변형, 원형질융합 등)에 의해
세포의 유전적 조성을 변화시키는 것

유전자 遺傳子 gene
유전물질의 최소기능단위로서 하나 이상의 유전적 특징을 결정하거나
조절하는 염색체의 한 부분

유전자발현 遺傳子發現 gene expression
유전자 작용의 과정에 따라서 표현형이 발현하는 것

유전자변형생물 遺傳子變形生物
                    genetically modified organisms (GMOs)
기존의 생물체에서 특정 유전자를 제거하거나 다른 생물체의 유전자를
끼워 넣음으로써 기존의 생물체에 존재하지 않던 새로운 성질을 갖도록 한
생물체

유전형 遺傳型 genotype
세포, 생물, 개체 등에서 발현된 유전적 특성

유조직 柔組織 parenchyma
식물의 기본조직 대부분을 차지하고 있는 유세포로 된 조직

유한생장 有限生葬 determinate growth
꽃의 분열 조직이나 잎 따위에서 볼 수 있는, 일정 기간의 한정된 생장

유한화서 有限花序 determinate inflorescence
끝나는 점이 있는 꽃차례

유합조직, 상구조직 癒合組織, 傷口組織 callus
식물체의 상처를 치유하기 위하여 만드는 조직

육종 育種 Breeding
유전적인 성질을 이용하여 농업에 유익한 새로운 종을 만들어 내거나,
기존의 품종을 더욱 좋게 만들어내는 일

육질 肉質 fleshy
잎몸을 이루는 세포가 깊고 두꺼운 것

윤생, 돌려나기 輪生 vertcillate
식물 줄기의 한 마디에서 잎이 3장 이상 바퀴모양으로 돌려나는 것

융단조직 絨緞組織 tapetum
약(꽃밥) 내에 특수하게 분화된 조직으로, 화분발달에 영양공급 및
보호기능을 함

융모 絨毛 villous
잎 표면에 길고 곧은 털이 있는 것

은화과 隱花果 syconium
고기질의 꽃턱 안에 많은 열매가 들어 있는 열매

음지 陰地 shade
어떤 물체에 의해 햇빛이 가려져 직사광선이 들지 않는 부분

응집력　凝集力　cohesive force
액체 또는 고체에서 그 물질을 구성하고 있는 원자 분자 또는 이온 간에
작용하고 있는 인력

이가화 = 암수딴그루, 자웅이주

이과　梨果　pome
화탁이나 화상이 발달하여 심피를 둘러싼 액과의 일종

2기목부, 2차물관부　二期木部　secondary xylem
형성층의 병층분열에 의해 만들어지는 물관부로 형성층에서 내측으로
만들어짐

2기생장, 2차생장　二期生長　secondarygrowth
나자식물과 쌍자엽류, 일부 단자엽류의 유관속형성층에서 2기유관속조직이
형성되어 줄기나 뿌리가 비대하는 생장

2기조직, 2차조직　二期組織　secondary tissue
2차분열조직에서 새롭게 만들어진 조직의 총칭으로 형성층으로부터 생긴
2차유관속조직과 줄기나 뿌리의 주변부에 생긴 코르크형성층에서 만들어진
코르크조직 등

2년생 식물　二年生植物　biennial
발아로부터 개화, 결실하여 고사하는 데 1년 이상 2년 이내의 시간을
필요로 하는 식물

이엽　耳葉　auricle
잎집과 잎몸 부분의 아래쪽 끝이 귀 모양으로 되어 있는 잎

이저　耳底　auriculate
잎몸의 밑부분이 잎자루 윗부분에서 좌우로 넓게 사람의 귀 모양으로
갈라진 상태

2차물관부 = 2기목부

2차벽, 2차세포벽　二次細胞壁　secondary cell wall
고등식물의 성숙에 따라 1차세포벽의 안측에 형성되는 세포벽으로,
세포성장 정지 후에 일어나는 세포분화의 한 국면

2차생장 = 2기생장

2차세포벽 = 2차벽

2차식물체   二次植物體   secondary plant body
측생분열 조직인 유관속형성층과 코르크형성층의 활동으로 1차식물체에
추가된 부분으로, 2기유관속과 주피를 구성함

2차조직 = 2기조직

2차핵   二次核   secondary nucleus
정세포와 수정하기 전에 중앙세포에 있는 2개의 극핵이 융합한 것

이층, 분리층   分離層, 離層   separation layer, abscission layer
잎, 꽃잎 등이 식물에서 떨어져 나갈 때 생기는 세포층

2회우상복엽   二回羽狀複葉   bipinnatecompoundleaf
작은 잎의 분열 횟수가 2회인 우상복엽

인엽   鱗葉   scale leaf
비늘모양의 잎사귀

인편수피   鱗片樹皮   scale bark
수피의 일종으로 주피가 형성되는 과정에서 표면부를 완전 둘러싸지
못하여 비늘모양의 조각으로 된 것

일가화 = 암수한그루, 자웅동주

1기목부, 1기물관부   一期木部   primary xylem
전형성층에서 발달한 1차분열조직으로부터 만들어진 물관부

1기물관부 = 1기목부

1기사부, 1기체관부   一期篩部   primary phloem
유관속식물의 분화 및 1기생장 과정에서 초기에 전형성층으로부터 분화한
사부조직

1기생장, 1차생장   一期生長   primary growth
정단분열조직의 활동이 개시되어 완료되는 기간 동안에 점차적으로 뿌리
및 영양기관과 생식기관의 묘가 형성되어지는 생장을 말한다

1기체관부 = 1기사부

일액현상　溢液現象　guttation
식물체의 배수 조직에서 수분이 물방울 형태로 배출되는 현상

1차근　一次根　primary root
배의 유근이 계속 발달하여 형성된 뿌리로 주근이라고도 함

1차기직 = 1차조직

1차벽　一次壁　primarywall
세포벽에서 세포 표면적이 아직 확장을 계속하고 있는 사이에 형성된
부분으로 셀룰로오즈가 주성분임

1차분열조직　一次分裂組織　primary meristem
전분열조직에서 분화한 원표피, 기본분열조직, 전형성층 등 세 가지
분열조직

1차생장 = 1기생장

1차식물체　一次植物體　primary plant body
정단분열조직의 생장에 의해서 만들어진 식물체의 일부로서, 2기 성장을
하지 않는 식물의 경우에는 식물체 자체가 1차식물체임

1차조직, 1기조직　一次組織　primary tissue
1차생장 결과 생기는 표피, 유조직, 물관부 및 체관부 등의 조직

잎가장자리 = 엽연

잎겨드랑이 = 엽액

잎끝 = 엽선, 엽정, 엽두

잎눈, 엽아　葉芽　leaf bud
잎눈 발아 후 새가지로 자라는 것으로서 꽃이 피지 않는 눈

잎맥 = 엽맥

잎몸 = 엽신

잎살 = 엽육

잎싸개 = 엽초, 잎집

잎원기 = 잎원기

잎자국 = 엽흔

잎자루 = 엽병

잎집 = 엽초, 잎싸개

잎차례 = 엽서

잎파랑체 = 엽록체

잎파랑치 = 엽록소

자가수분　自家受粉　self-pollination
한 그루의 식물 안에서 자신의 꽃가루를 자신의 암술머리에 붙이는 현상

자가수분장애　自家受粉障礙　herkogamy
하나의 양성화에서 수술과 암술머리가 공간적으로 떨어져 있어서
자가수분이 어려움을 일컫는 말

자모　刺毛　stinging hair
식물의 세포벽이 비후하여 견고해진 털

자성배우자　雌性配偶者　female gamete
난세포, 암컷 생식세포

자성배우자체　雌性配偶者體　female gametophyte
속씨식물의 씨방에 있는 배우자체

자엽　子葉　cotyledon
씨앗의 속에 있는 배에서 가장 처음으로 나온 잎

자엽초　子葉鞘　coleoptile
싹이 텄을 때 제일 먼저 지상으로 나오는 부분

자예 = 암술

자예선숙　雌蘂先熟　protogyny
암술이 수술보다 먼저 성숙하는 것

자예화　雌蕊花　carpellate flower
심피(암술)만 있는 꽃

자웅동주 = 암수한그루, 일가화

자웅이숙 雌雄異熟 dichogamy
암술과 수술의 성숙시기 차이 때문에 동시에 성숙하지 못하는 경우

잔가지, 소지 小枝 twig
그루에서 가장 긴 가지 길이의 ¼에 미달되거나 50cm 이하의 가지

잠아 潛芽 dormant bud
가지의 기부에서 충실하게 발달하지 못하였거나 발아할 수 있는조건이
되지 못하여 봄에 발아하지 않고 있는 눈

잡성화 雜性花 polygamous
1개의 개체에 양성화, 수꽃, 암꽃의 3종류의 꽃이 피는 것

장각과 長角果 silique
2심피 2실로 되어 있고, 익으면 벌어지는 마른 열매의 하나

장과 漿果 berry
과육 부분에 수분이 많고, 연한 조직으로 되어 있는 열매로, 액과(液果)의
일종

장력 張力 tension
물체내의 임의의 면의 양측부분이 이면에 수직으로 서로 끌어 당기는 힘

장상맥 掌狀脈 palmately veined
잎자루의 끝에서 여러 개의 잎줄이 뻗어 나와 손바닥처럼 생긴 잎맥

장상복엽 掌狀複 palmate compound leaf
잎자루 끝에 여러 개의 작은 잎이 손바닥모양으로 평면 배열한 겹잎

장주화 長柱花 long-styled flower
암술이 긴 암술머리의 형태의 일종으로 짧은 꽃실에 꽃밥이 붙어 있는 형태

장지 長枝 long shoot
끝눈이나 곁눈에서 발달한 정상적인 가지

장타원형 長橢圓形 oblong
세로와 가로의 비가 약 3:1에서 2:1 사이로서 둥근꼴보다 약간 길고, 긴 양
측면이 평행을 이루는 모양

재배품종 栽培品種 cultivar
인위적으로 재배되고 있는 품종

저생 低生 basilar
자방 밑에서 돋은 암술대

적순 = 순지르기, 적심, 순집기

적심 = 순지르기, 적순, 순집기

적아 = 눈따기

전연 全緣 entire
잎가장자리가 갈라지지 않거나 또는 톱니나 가시 등이 없고 매끄러운 모양

전열 深裂 parted
잎 가장자리부터 주맥까지 2/4 이상~3/4 이하의 길이로 갈라진 것

전정 = 가지치기

전형성층 前形成層 procambium
제1기 유관속으로 분화되는 분열조직

절간 = 마디사이, 마디간

절과 節果
철에 따라 나는 과일

점첨두 漸尖頭 acuminate
엽선이 점차 뾰족하여 꼬리와 비슷한 형태

접목 接木 grafting
나무와 나무를 접붙이는 것으로, 눈 또는 눈이 있는 줄기를 뿌리가 있는
줄기 또는 뿌리에 접착시켜서 하나의 나무로 만드는 것

접수 接穗 scion
접목에서 위에 오는 부분

정단분열조직 頂端分裂組織 apical meristem
가지나 뿌리 등 각 조직의 가장 끝부분에 있는 분열조직

정단우세 頂端優勢 apical dominance
가장 끝에 있는 가지의 세력이 가장 강하고 가장 길게 자라는 것

정아, 끝눈 頂芽 terminal bud
생장을 계속하고 있는 활동적인 상태의 줄기나 가지 끝 부분에 생기는 눈

조재 = 춘재

조직배양 組織培養 tissue culture
세포, 조직, 기관 등으로부터 완전한 식물체를 재분화하는 것

조직 분석 組織分析 tissue analysis
식물체의 조직을 현미경적이나 또는 화학적으로 분석하는 것

종 種 species
생물분류의 기본단위이며, 동식물 등 고등생물에서는 자연상태에서 교배가
이루어지는 집단으로 구분함

종간경쟁 種間競爭 interspecific competition
다른 종에 속한 개체들이 같은 종류의 먹이나 공간을 필요로 하는 경우에
일어나는 경쟁

종자 = 씨

주근 = 원뿌리, 직근

주두 = 암술머리

주맥, 중맥, 중륵 主脈, 中脈, 中肋 main vein, mid-vein
잎의 중앙부에 있는 가장 큰 잎맥

주병 珠柄 funiculus
밑씨가 심피에 붙는 자루, 즉 배주와 태좌 간의 연결부위

주피 周皮 periderm
줄기나 뿌리의 표피 안쪽에 있는 세포층

중둔거치 重鈍鋸齒 doubly crenate
겹으로 둔한 톱니가 있는 잎 가장자리

중륵 = 주맥, 중맥

중맥 = 주맥, 중륵

중생부아   中生副芽   superposed accessory bud
측아와 엽흔 사이에 있는 작은 눈

중성화   中性花   neutral flower, asporangiate flower
수술·암술이 퇴화하여 종자를 만들수 없는 꽃으로 무성화라고도 함

중심주   中心柱   stele
내피보다 안쪽의 기본조직과 관다발을 총괄하여 하나의 단위구조로
간주한 것 .

중열   中裂   cleft
결각상에 속하며 가장자리에서 중륵까지 반 이상이 갈라진 형태

중예거치   重銳鋸齒   doubly serrate
뾰족한 톱니가 겹으로 생긴 것

즙이 많은, 다즙성   多汁性   succulent
수분이 많은, 즙이 많은 것

증산   蒸散   transpiration
증산 식물의 잎 표면에 분포하는 기공으로부터 수증기가 방출되는 것

증산작용   蒸散作用   transpiration
잎의 기공을 통해 물이 기체상태로 빠져나가는 작용

증식   增殖   propagation, multiplication
세포가 분열되어 동질의 것이 불어나는 것으로, 보통 다세포생물의
체내에서 세포가 증가되어 가는 것

증식형 바이러스   增殖型—   propagative virus
매개충의 몸 안에서 증식하는 바이러스

지맥 = 측맥

지상경   地上莖   terrestrial stem
땅위로 자라는 줄기를 말한다

지상계 = 슈트계

지의류 地衣類 lichen
곰팡이와 조류의 공생체로서 주로 나무껍질이나 바위 등에서 착생생활을 함

지지근 支持根 prop root
자신의 지상부를 유지할 수 있는 뿌리

지표식물 指標植物 indicatorplant
특정한 환경 속에서만 생존하여 그 식물의 생존상태로서 환경상태를
나타내는 등 어떤 특정한 의미를 알려주는 식물 종 또는 식물 군락

지하경 地下莖 rhizome
땅속에서 자라는 줄기를 통틀어 일컫는 말

지흔 枝痕 branch trace
가지가 갈라지는 마디부분에서 가지에 이어진 관다발

직간 直幹 formal upright
곧은 줄기

직근 = 원뿌리, 주근

진과 眞果 true fruit
자방과 종자만으로 구성되는 과실

진핵생물 眞核生物 eukaryote
세포에 막으로 싸인 핵을 가진 생물로서 원핵생물에 대응되는 말

질소고정 窒素固定 nitrogen fixation
대기 중의 유리질소를 생물체가 생리적으로 또는 화학적으로 이용할 수
있는 상태의 질소화합물로 바꾸는 것

차륜지 車輪枝
자동차 바퀴모양 처럼 나는 가지

차상맥 叉狀脈 dichotomously veined
한 가닥의 유관속이 두 가닥으로 동등하게 갈라짐이 계속되는 잎맥

책상유조직, 울타리유조직 柵狀柔組織 palisade parenchyma
엽육을 구성하는 유조직의 일종으로 세포의 길이가 신장되어 있으며 잎의
표면부에 대해 수직으로 배열되어 있는 조직

책상조직 = 울타리유조직, 울타리조직, 책상유조직

천열　淺裂　lobed
잎이 결각상에 속하며 가장자리에서 중맥까지 반 이하가 길게 갈라진 형태

체관, 사관　篩管　sieve tube
식물의 관다발 속에서 체관부를 구성하는 조직

체관부, 사부　篩管部　phloem
식물의 잎에서 광합성으로 만들어진 양분이 줄기나 뿌리로 이동하는 통로

체세포　體細胞　somaticcell
동식물을 구성하는 세포 중 생식세포를 제외한 모든 세포

체판　體板　sieve plate
인접한 사관절 사이에 있는 벽으로 사역을 가지고 있는 것

초본식물, 풀　草本　herb, grass
줄기가 초질로 되었으며 지상부가 1년 또는 2년으로 고사하는 식물

초생물관부, 원생목부　初生管部　protoxylem
1차목부 중 초기에 형성된 것

초생체관부, 원생사부　初生篩觀　protophloem
1차사부 중 초기에 형성된 것

초층-내체 모델　鞘層-內体　tunica-corpus model
슈트의 정단부는 초층과 내체라는 2개의 부위로 구성되며 이들이 세포의
분열면에 의해서 구별된다는 모델

총상화서　總狀花序　raceme
긴 꽃대에 꽃자루가 있는 여러 개의 꽃이 어긋나게 붙어서 밑에서부터 피기
시작하는 꽃차례

추재, 만재　秋材　summer wood, autumn wood
수목의 나이테 중에서 여름부터 가을에 걸쳐서 형성된 부분

춘재, 조재　春材　spring wood
수목의 나이테 중에서 봄철에서 여름까지 형성된 부분

춘화처리 春化處理 vernalization
작물의 개화를 유도하기 위하여 생육기간 중의 일정시기에
온도처리(저온처리)를 하는 것

충매화 蟲媒花 insect-pollinated flower, entomophily
곤충에 의해 수분되는 꽃

취과 聚果 aggregate fruit
작은 석과가 집합한 위과

취목 取木 layering
모식물의 줄기 일부분에서 뿌리가 뻗어 나오는 것을 기다려 모식물에서
떼어내는 식물의 무성번식법의 일종

취산화서 聚繖花序 cyme
꽃 밑에서 또 각각 한 쌍씩의 작은 꽃자루가 나와 그 끝에 꽃이 한 송이씩
달리는 꽃차례

취약웅예 聚葯雄蘂 syngenesious
수술대는 서로 떨어져 있고 꽃밥만 서로 유합된 수술

측근, 곁뿌리 側根 lateral root
원뿌리에서 옆으로 가지를 쳐서 갈라져 나온 작은 뿌리

측맥, 지맥 側脈 lateral vein
가운데 잎맥에서 좌우로 갈라져서 가장자리로 향하는 잎맥

측생부아 側生副芽 collateral accessory bud
측아의 좌우로 달려 있는 부아

측생분열조직 側生分裂組織 lateralmeristems
안팎 또는 좌우 방향 등 평면적 신장을 주도하여 부피생장을 초래하는
분열조직

측아, 곁눈 側芽 lateral bud
정아의 측면에 각도를 가지고 발달하는 눈으로, 가지 끝의 정아와 대비됨

측아도장지 側芽徒長枝 proleptic shoot
측아가 세력이 왕성하여 지나치게 자란 것

치아상　齒牙狀　dentate
이 모양의 돌기가 있어 잎의 가장자리가 뾰족뾰족한 이빨모양인 것

침형　針形　acicular
바늘 모양으로 된 잎의 모양으로, 소나무나 잣나무의 잎 따위

카스파리대　casparian strip
식물의 내피층 세포벽에 슈베린 또는 리그닌 같은 물질이 침전된 가는 띠

코르크　cork
식물체 외부의 2차 조직으로서 수분과 가스가 통과하지 못하는데, 때로는 상처나 감염에 반응하여 만들어지기도 함

코르크세포　cork cell
코르크 형성층에서 유래된 벽이 코르크화된 죽은 세포로서 방수성이 강하므로 보호기능이 있음

코르크피층　—皮層　phelloderm
수피의 일부분으로 코르크 형성층에서부터 코르크조직과는 반대방향으로 형성되는 조직

코르크형성층　—形成層　cork cambium
코르크조직을 만드는 후생 분열조직의 하나로 내피와 외피 사이에 있음

코르크화　—化
상처난 조직 등에서 세포가 코르크세포로 바뀌는 현상

큐티클, 각질　角質　cuticle
생물의 체표를 덮고 있는 물질

큐틴, 각질소　角質素　cuticle
각피를 구성하는 주성분

큰키나무 = 교목

클론　clone
무성 생식으로 생겨서 유전자형이 동일한 생물집단

타원형　楕圓形　elliptical
장축과 단축이 같지 않은 찌그러진 원 모양

탁엽, 턱잎　托葉　stipule
잎자루 또는 잎자루 기부의 줄기 위의 좌우에 한 개씩 붙어 있는 피침형의
작은 조각 모양의 잎

탁엽흔　托葉痕　stipule scar
엽흔의 좌우에 있으며 탁엽이 있는 곳에 생기는 흔적

탄닌　tannin
물에 잘 녹으며, 수용액은 수렴성이 강하고 날가죽을 다룬 가죽으로
변화시키는 성질을 가지는 물질의 총칭

탈리　脫離　abscission
식물의 잎, 꽃, 과실 등의 기관이 각 기관의 기부에 이층을 형성하고
분화하여 떨어지는 현상

탈리대　脫離帶　abscission zone
분리층과 보호층으로 이루어진 잎자루의 기부에 위치해 있는 부위로서,
겨울의 수분 부족현상과 낮은 기온 또는 병해충의 피해 등으로부터
살아남기 위해서 잎을 떨어지게 하는 부위

탈분화　脫分化　dedifferentiation
성숙한 세포들이 상처를 입게 되면, 분열조직의 상태로 되돌아가서 그들의
유전체 정보를 계획대로 다시 진행시켜 분화를 준비하는 것

턱잎 = 탁엽

텔롬　telome
식물의 차상분지된 슈트의 맨 끝에 있는 가지

토양서식균　土壤棲息菌　soil inhabitants
넓은 기주 범위를 가지고 있어 기주식물 없이도 토양 중에서 오래 살 수
있는 비특이적 병원체

토양체류균　土壤滯留菌　soil transients
기주범위가 좁아서 기주식물이 없으면 토양 내에서 오래 생존할 수 없는
기생균

통기조직　通氣組織　aerenchyma
세포간극이 발달되어서 가스 교환을 위해 특수화된 유세포로 된 조직

통꽃 合辨花
꽃잎이 서로 붙어서 통꽃부리를 이룬 꽃

통도력 通道力 conductance
물을 통과시킬 수 있는 모세관의 능력

파상 波狀 repand
잎의 가장자리가 중앙맥에 대해 평행을 이루면서 물결을 이루고 있는
것처럼 생긴 모양

팽윤 膨潤 turgor
물질이 용매를 흡수하여 부푸는 현상으로 이러한 상태가 되는 것

펙틴 pectin
식물체에 널리 분포되어 있는 콜로이드성의 다당류

펙틴분해효소 —分解酵素 pectinase
펙틴을 분해하는 효소

평두 平頭 truncated
잎몸의 끝이 뾰족하거나 파이지 않고, 중맥에 대해 거의 직각을 이룰
정도로 수평을 이룬 모양

평행맥 = 나란히맥

평행분열 竝層分裂 periclinal division
정단부 표면과 평행하게 갈라지는 것

평행지 平行枝
평행한 가지

평행형기공 平行型氣孔 paracytic stoma
기공형의 일종으로, 1개 또는 그 이상의 부세포가 각 공변세포의 장축에
평행하게 배열된 기공

평활 平滑 glabrous
잎몸이나 꽃받침 표면에 털이 없고 밋밋한 것

폐쇄생장 閉鎖成長 closed growth
정아가 주지의 한복판에 자리잡고 있어 줄기의 생장을 조절하면서
제한하고 있는 것

폐쇄화 閉鎖花 cleistogamous flower
꽃이 성숙하여도 꽃잎이 벌어지지 않고 꽃잎 속에서 자신의 수술과 암술로
꽃가루받이를 하는 꽃

포복경, 기는줄기 匍匐莖 stolon
식물의 근관부 부근의 엽액에서 발달한 특수한 줄기로서, 지면을 기면서
성장하고 마디마다 새로운 식물을 만드는 줄기

표벽 表壁 exine
화분의 껍질로, 스포로플레닌이라는 물질로 되어 있어 강산과 강알칼리에
넣고 끓여도 용해되지 않음

표피 表皮 epidermis
동물이나 식물체의 각 부분의 표면을 덮는 세포층으로, 겉껍질을 말하며 그
안쪽에 있는 조직을 보호하며 식물과 대기 사이의 가스 교환을 조절

표피세포 表皮細胞 epidermal cell
식물체의 표면을 덮는 세포

풀 = 초본식물

풍매화 風媒花 wind-pollinated flower, anemophily
바람의 힘에 의해 꽃가루받이를 하는 꽃

피목 皮目 lenticel
수목의 줄기나 뿌리에 외피조직이 만들어진 후 기공 대신에 만들어진 공기
통로 조직

피자식물 = 속씨식물

피층 皮層 cortex
식물의 조직계로서 뿌리와 줄기에 있어서 표피와 중심주사이의 세포층

피침 皮針 cortical spine
수피의 일부가 가시모양으로 변한 것

피침형 披針形 lanceolate
잎이 창처럼 생겼으며, 길이는 너비의 몇배가 되고 밑에서 1/3정도 되는
부분이 가장 넓으며, 끝이 뾰족한 것

하배축 下胚軸 hypocotyl
고등식물에서 배의 부분에서 자엽이 부착된 부분 이하에서 생기는 최초의
줄기 부분

하아지 夏芽枝 lammas shoot
여름철에 급히 자라는 어린 가지

하위씨방 下位 inferior ovary
화피나 웅성기관보다 밑에 있는 씨방

하포자 = 여름포자

하포자퇴 = 여름포자퇴, 여름포자덩이

하향지 下向枝
아래쪽을 보고 있는 가지

해당과정 解糖過程 glycolysis
생물 세포 내에서 당이 분해되어 에너지를 얻는 물질대사의 과정

해면유조직, 해면조직, 갯솜조직 海綿組織 spongy parenchyma
엽육(잎살)을 구성하는 조직의 하나로 보통 잎 뒷면 표피에 존재하며,
책상조직에 비해 세포의 모양이 불규칙하여 가스 교환에 유용함

해부학 解剖學 anatomy
어떤 생물을 외부로부터 하나씩 분해하여 내부 구조와 모양을 다루는 학문

핵과 核果 drupe
중과피는 육질이고 내과피는 나무처럼 단단하게 되어 그 안에 종자가 들어
있는 열매

핵상 核相 ploidy
핵에 있어서 염색체 구성상태로서, 반수성의 핵을 가진 단상과 전수성을
가진 복상이 있음

햇순 = 신초

헛물관 假導管 tracheids
관다발식물에서 물과 용해된 무기물이 올라가는 통로이며, 식물체를
지지하는 역할도 함

헛뿌리 = 가근

헛수술, 위웅예 假雄蘂 staminode
양성화에서 수술이 모양만 남고 제 기능을 할 수 없어 불임성인 수술

혁질 革質 coriaceous
잎의 잎몸이 두껍고, 광택이 있으며 가죽 같은 촉감이 있는 것

협과 莢果 legume
식물에 달리는 열매의 한 형태로서 주로 콩과의 식물 열매

형성층대 形成層帶 cambial zone
형성층 시원세포와 이들의 미분화된 유도체로 구성되어 있는 폭이
일정하지 않은 층을 가리키는 편의상 용어

형질전환 식물체 形質轉換 植物體
                    transgenic (or transformed) plants
유전공학기술에 의해 인위적으로 유전자에 변형을 초래한 식물

호기성 好氣性 aerobic
공기 또는 산소가 존재하는 조건에서 자라거나 살 수 있는 성질

호르몬 hormone
생물체에서 합성되어 생장을 조절하는 물질로서 적은 양으로도 큰 효과를
내며, 합성되는 장소와 기능을 나타내는 장소가 다름

호생 互生 alternate
엽서의 한 형태로 한 마디에 잎이 한 장씩 어긋나게 붙는 형식

호흡 呼吸 respiration
생물이 산소를 흡입하고 이산화탄소를 배출하며 물질을 산화시키는
이화작용

호흡근 呼吸根 pneumatophore
지상에 뿌리의 일부를 내고 통기를 관장하는 뿌리

혹, 암종 瘤, 癌腫 tumor, gall
식물체의 구조 조직이 비대하여 나타나는 비정상적인 덩어리

혼합아 混合芽 mixed bud
잎과 꽃을 가지고 있어, 새 가지가 돋아 나와서 꽃이 피는 혼합눈

화경 = 화병, 꽃자루, 꽃꼭지

화밀선, 꽃꿀샘 花蜜腺 floral nectary
당분을 많이 포함하는 배출물을 분비하는 구조

화병, 화경 花柄, 花梗 peduncle
꽃자루로, 꽃이 달리는 짧은 가지

화분괴 花粉塊 pollinium
화분이 4분자로 형성된 뒤 서로 접착한 그대로 있는 것 또는 여러 개의
꽃가루가 덩어러진 상태의 꽃가루덩이

화서 花序 inflorescence
화측에 달린 꽃의 배열 상태

화아 花芽 flower bud
꽃이 될 눈

화염포, 불염포 佛焰苞, 佛焰苞 spathe
넓은 잎과 같은 모양의 포로 육수화서를 둘러싸고 있는 구조

화주, 암술대 花柱 style
꽃의 중심부에 있는 자성생식기관

화탁 = 꽃받침

화통 花筒 floral tube
화관이 통형으로 된 부분을 말하며 화관통부를 생략한 표현

화판 = 꽃잎

화학요법 化學療法 chemotherapy
화학물질을 이용하여 식물병을 치료 또는 구제하는 방법

환공재   環孔材   ring-porous wood
나이테에 물관 구멍이 동심원 모양으로 있는 목재

환상   環狀   annular
2차벽이 1차벽의 안쪽 표면 위에 고리 모양을 띤 것

환상수피   環狀樹皮   ring bark
나무의 수피가 띠 모양 또는 원통 모양으로 떨어지는 수피

활물영양체   活物營養體   biotroph
살아 있는 세포로부터 영양을 섭취하여 살아 있는 기주 조직이 없으면
발육할 수 없는 생물

황화, 누렁   黃花   chlorosis
엽록소가 형성되지 않아 엽록체 발달이 없어지고 누렇게 되며 생육
장애현상이 일어나는 일

획득저항성   獲得抵抗性   acquired resistance
미생물을 접종하거나 화학물질을 처리한 후에 활성화되는 식물체의 병
저항성

횡맥   橫脈   transversely veined
가로로 놓인 잎맥

효소   酵素   enzyme
살아 있는 세포에 의해 만들어지는 단백질 분자로 생화학 반응의 촉매
작용을 하는 것

효소면역항체검정법   酵素免疫抗體檢定法
                       enzyme-linked immunosorbent assay (ELISA)
발색효소를 표지한 항체를 이용하여 항원 또는 병원체를 검출하는 일종의
혈청학적 진단법

후각세포   厚角細胞   collenchymacell
식물체의 지지와 기계적인 보강, 특히 굴절저항성을 위하여 세포벽의
일부가 두터워진 세포

후벽세포   厚壁細胞   sclerenchymacell
종피나 과실에서 많이 볼 수 있는, 세포벽이 전체적으로 두터워진 세포

후벽포자 厚壁胞子 chlamydospre
영양체의 선단 또는 중간세포에 저장물질이 집적하여 형태가 크고 또
세포벽이 두터워져서 대부분은 벽이 2중화한 내구성을 지닌 무성포자

훈연 燻蒸 fumigation
병충해를 막기 위해 약제에 열을 가해 연기 성분을 쐬어서 소독하는 것

훈연제 燻蒸劑 fumigant
열에 안정하여 약제에 열을 가했을 때 연기상태로 되어 살균, 살충력을
가지 농약

훈증 燻蒸 fumigation
병충해를 막기 위해 약제의 휘발성 성분을 쐬어서 소독하는 것

훈증제 燻蒸劑 fumigant
약제가 상온에서 쉽게 증발하여 가스상태로 되는 살균, 살충력을 가진 농약

휴면 休眠 dormancy
성숙한 종자 또는 식물체에 적당한 환경조건을 주어도 일정기간 발아, 발육
성장이 일시적으로 정지해 있는 상태

휴면아 休眠芽 dormant bud
휴면하고 있는 상태의 눈

휴면포자 休眠胞子 resting spore
세포벽이 두꺼운 유성 또는 무성포자로서 만들어진 후 일정기간이
지나야만 발아하며, 극단적인 온습도에도 저항성임

흡기 吸器 haustorium (pl. haustoria)
기생곰팡이의 균사나 발아관에 만들어진 납작하고 부푼 구조물로서, 기주
표면에 달라붙는 역할을 함

제 2 장

수목생리

가도관, 헛물관　假導管　tracheid
고등식물의 목부에 많이 있으며, 물의 이동 통로 및 지지기능을 갖는 조직

가엽　假葉　phyllode
원래 엽병과 엽신이 명료하게 구별되는 잎에 있어 개체발생상 엽병에
해당하는 부분이 엽신과 같은 생리작용을 한다고 생각되는 구조

가지치기, 전정　剪定　pruning
밀도가 높은 가지를 솎음, 고사한 가지를 제거, 위험한 가지를 사전에 제거
등 수목의 생육을 위해 가지를 자르는 것

각피　角皮　cuticle
가장 외측에 발달한 지방성물질의 층으로 기계적 보호작용, 수분증발 방지
등의 기능이 있음

각피층　角皮層　cuticle layer
각피층은 증산작용을 억제하여 식물이 마르는 것을 방지하고 병원균의
침입을 막고 물리적 손상을 작게 해주는 보호층의 역할

갖춘꽃, 완전화　完全花　complete flower
꽃받침, 수술, 암술의 전부를 갖춘 꽃

개엽　開葉　leaf opening
눈에서 잎이 자라면서 펴지는 것

개척근　開拓根　pioneer root
늦은봄과 여름에 뿌리가 가장 왕성하게 자랄 때 나타나서 숫자는 적지만,
새로운 근계를 빠른 속도로 개척한 후 지름이 굵어진 뿌리

개화　開花　flowering
종자식물의 생식기관인 꽃이 피는 현상

개화생리　開花生理　flowering physiology
식물의 꽃이 피는 것과 관련된 여러 가지 생리적 현상

건성강하물　乾性降下物　dry deposition
미립자 형태로 지상으로 내려오는 산성강하물을 일컫는 말

건조저항성 乾燥抵抗性   drought resistor
내건성, 건조에 견디는 능력

겨드랑눈 = 액아

겨울눈 = 동아

격년결실, 해거리, 해거름   隔年結果
                                biennial bearing, alternate year bearing
과수류에서 과실의 결실이 많은 해와 결실이 극히 적은 해가 격년으로
교체하는 현상

격벽 隔壁   septum (pl. septa)
공간을 나누기 위하여 세포분열 전에 생긴 세포벽

격벽형성체 隔壁形成體   phragmoplast
유사분열 말기에 세포판이 형성될 때 딕티오솜 또는 소포체에서 유래된
소낭을 세포의 중앙에 오도록 하는 형성체

결핍증상 缺乏症狀   deficiency symptom
식물의 어느 특정 영양소의 흡수가 부족하여 식물이 비정상적으로
생장하는 증상

결합수 結合水   hygroscopic water
토양이나 생체 구성물 등에 화학적으로 결합되어 있어서 쉽게 제거할 수
없으며, 식물이 사용할 수도 없는 물

경계층 境界層   boundary layer
물체의 표면에 접하는 유체의 얇은 층

경엽 莖葉   stem and leaf
잎과 줄기

경엽 硬葉   sclerophyllus leaf
하계에 건조하고 동계에 비가 내리는 지중해지역의 수목에서 찾아볼 수
있는 작고 견고하며 두껍고 질긴 잎

경쟁 競爭   competition
생물 사이에서의 상호작용의 하나로서 특정한 무엇을 놓고 둘이 다투는 것

곁가지 = 측지

곁눈, 측아   側芽   lateral bud
정아의 측면에 각도를 가지고 발달하는 눈으로, 가지 끝의 정아에 대비되는
용어

곁뿌리, 측근   側根   lateral root
원뿌리에서 옆으로 가지를 쳐서 갈라져 나온 작은 뿌리

고정생장   固定生長   fixed growth
당년에 생장하는 가지(신초)의 잎의 수는 전년도에 형성된 동아속의
엽원기의 수로 고정되어 있는 경우를 말하며, 소나무, 잣나무, 참나무류
등에서 볼 수 있음

공극   空隙   pore
토양 입자 사이의 틈

공기뿌리, 기근   氣根   knee root, aerial root
땅속에 있지 않고 공기 중에 뻗어 나와 기능을 수행하는 뿌리

공동현상   空洞現象   cavitation
액체 내에 증기 기포가 발생, 또는 조직 내부가 붕괴되어 빈 공간이
존재하는 현상

공변세포   孔邊細胞   guard cell
식물의 기공을 이루는 세포로서 식물체 내 이산화탄소 등의 기체출입과
증산작용을 조절함

공생   共生   symbiosis
서로 다른 종의 생물 간에 도움을 주고받으며 사는 현상

관다발, 유관속   維管束   vascular bundle
물관부와 체관부로 구성되며 물질의 통로역할을 하는 관들의 모임

관다발부름켜, 유관속형성층   維管束形成層   vascular cambium
줄기와 뿌리의 물관부와 체관부 사이에 위치한 조직

관다발조직, 유관속조직   維管束組織   vascular tissues
목부와 사부를 총칭하는 용어로 고등식물에서는 유관속계를 형성하고
식물체 내에서 액을 운반하는 일을 함

관다발형성층 = 관다발부름켜, 유관속형성층

관모   冠毛   pappus
국화과 식물 등의 하위씨방의 윗부분에 붙어 있는 털 모양의 돌기로
갓털이라고도 함

관목, 작은키나무   灌木   shrub
높이가 2m 이내이고 주줄기가 분명하지 않으며 밑동이나 땅속
부분에서부터 줄기가 갈라져 나온 나무

관속흔   管束痕   bundle scar
엽흔의 부분에서 볼 수 있는 관속조직이 잘라진 자국

광도   光度   light intensity
빛의 진행방향에 수직한 면을 통과하는 빛의 양

광보상점   光補償點   light compensation point
식물에 의한 이산화탄소의 흡수량과 방출량이 같아져서 식물체가 외부공기
중에서 실질적으로 흡수하는 이산화탄소의 양이 0이 되는 광의 강도

광주기   光周期   photoperiod
빛에 노출되는 낮의 길이

광질   光質   light quality, spectral quality of light
광이 작물의 생장에 미치는 영향을 광파장에 기인하는 광선

광포화점   光飽和點   light saturation point
식물의 광합성 속도가 더 이상 증가하지 않을 때의 빛의 세기

광합성   光合成   photosynthesis
녹색식물이나 그 밖의 생물이 빛에너지를 이용해 이산화탄소와 물로부터
유기물을 합성하는 작용

광호흡   光呼吸   photorespiration
빛이 있을 때 식물에서 일어나는 호흡

괴경, 덩이줄기   塊莖   tuber
다년생 초본식물의 영양증식 기관의 하나로, 땅속줄기 일부분이
비대성장하여 양분을 축적한 줄기의 특수형태

괴근, 덩이뿌리 塊根 root tuber
다년생 초본식물의 영양증식 기관의 하나로, 뿌리의 일부분이
비대성장하여 양분을 축적한 특수형태

교목, 큰키나무 喬木 arbor
관목에 대응되는 말로서, 나무 중 키가 2m 이상 또는 8m 이상 자라며
원줄기가 뚜렷하게 발달하는 나무

구획화 區劃化 compartmentalization
식물 조직 내에서 목재부후균 등 병원균이 퍼지는 것을 막기 위하여
기주식물 자체가 생화학적으로 방어벽을 구축하는 현상

굴지성 屈地性 geotropism, positive gravitropism
식물이 중력이 작용하는 방향으로 자라는 것

균근 菌根 mycorrhiza
식물체 뿌리와 곰팡이의 공생에 의해 만들어진 복합체

그물맥, 망상맥 網狀脈 netted venation
잎맥이 잎 몸의 중앙 아래에서 위로 이어지는 큰 맥인 주맥과 여기에서
갈라지는 측맥으로 발달한 잎맥으로 대부분의 쌍떡잎식물 잎들이 이에
속함

극상림 極相林 climax forest
공간에서 식물사회 천이의 마지막 단계에 발달하는 궁극의 숲

근계, 뿌리께 根系 root system
식물 지하부에 뿌리가 만드는 공간적 구조계로서 뿌리 주변의 흙을 포함함

근관, 뿌리골무 根冠 root cap
뿌리의 가장 끝부분을 구성하는 정단분열조직에서 바깥쪽을 향하여
증식하는 유조직

근단분열조직 根端分裂組織 root apical meristem
뿌리 끝의 분열조직

근류, 뿌리혹 根瘤 root nodule
방선균이나 박테리아가 뿌리에 침입하여 형성되는 혹모양의 뿌리조직

근맹아   根萌芽   root sprout, root sucker
뿌리에서 돋아나는 움

근모, 뿌리털   根毛   root hair
뿌리의 표피세포가 변하여 바깥쪽으로 자라 나와서 된 털로, 토양으로부터
수분이나 영양물을 흡수하는 기능을 가지고 있음

근압, 뿌리압   根壓   root pressure
물관의 물을 밀어올리기 위하여 식물 뿌리에 생기는 수압

근원기   根原基   root primordium
유사분열에 의해 뿌리가 되는 초기 세포군

근피   根被   velamen
발생 초기부터 뿌리 선단의 원표피에서 만들어진 조직

기공   氣孔   stoma (pl. stomata)
주로 잎의 뒷면에 있으며, 가스교환을 위한 공기구멍

기공낭   氣孔囊   stomatal crypt
잎이 함몰되어 표피에 기공이 형성되는 부분

기공복합체   氣孔複合體   stomatal complex
2개의 공변세포와 기공 및 부세포 등으로 이루어진 구조

기관발생, 기관형성   器官形成   organogenesis
개체발생에서 기관이 예정재료로부터 원기의 상태를 거쳐 그의 구조기능이
완성되기까지의 전과정

기관학   器官學   organography
현존생물의 기관에 관하여 기술하는 학문

기관형성 = 기관발생

기근 = 공기뿌리

기본분열조직   基本分裂組織   ground meristem
시원세포(군)에서 파생된 부분 중 장래 기본조직계로 분화될 부분

기본조직   基本組織   fundamental tissue, ground tissue
생물의 생장에 기본적으로 필요한 조직

기피제 忌避劑 repellent
해충이나 작은 동물에 자극을 주어 가까이 오지 못하도록 하는 약제

꽃가루, 화분 花粉 pollen grain
꽃의 수술에서 형성되는 웅성생식세포

꽃꿀샘, 화밀선 花蜜腺 floral nectary
꽃에서 당을 포함한 점액을 분비하는 기관

꽃눈, 화아 花芽 flower bud
식물에서 꽃이 될 눈

꽃받침, 화악, 악 花萼 calyx
꽃을 구성하는 바깥쪽 화피

꽃받침조각, 악편 萼片 sepal
꽃받침을 이루는 각 조직이 서로 갈라져 있는 경우 그 떨어져 있는 각각을
뜻함

꿀샘, 밀선 蜜腺 nectary
식물 분비조직의 일종으로 당을 포함한 점액을 분비하는 기관

끝눈 = 정아

나란히맥, 평행맥 平行脈 parallel venation
잎맥이 잎의 긴축 방향으로 거의 평행하게 달리고 있는 것

나이테, 연륜, 생장륜 年輪, 生長輪 annual ring, growth ring
나무를 가로로 잘랐을 때 보이는 동심원 모양의 테

나자식물, 겉씨식물 裸子植物 gymnosperm
밑씨가 씨방에 싸여있지 않고 밖으로 드러나 있는 식물

낙과 落果 fruit falling
열매가 떨어짐

낙엽 落葉 defoliation
잎이 떨어짐

낙엽수 落葉樹 deciduous tree
잎의 수명이 1년이 채 안되어 생육 후기에는 잎을 떨어뜨리는 나무

낙엽층 落葉層 litter layer
토양의 L layer로서, 분해되지 않은 잎들이 쌓여있는 층

낙화 落花 blossom falling
꽃이 떨어짐

내건성 耐乾性 drought tolerance
식물이 건조한 환경에서도 생명을 유지하는 성질로서. 원형질의 건조를
회피하는 능력(drought resistance; 건조저항성)과 피해 받지 않고 견딜 수
있는 능력(drought tolerance; 건조내성)으로 나눌 수 있음

내생공생 內生共生 endosymbiosis
한 생물이 다른 생물의 세포 또는 조직 안에서 공생하는 현상

내생균근 內生菌根 endomycorrhizae
식물 뿌리 조직 안에 공생체를 형성하는 균근

내수피 內樹皮 inner bark
수목 피층의 최내층으로서 수액과 양분이 아래로 이동하는 통로

내외생균근 內外生菌根 ectendomycorrhizae
내생 균근과 외생 균근의 형태를 동시에 지닌 균근의 일종

내음성 耐陰性 shade tolerance
식물이 그늘진 곳이나 어두운 곳에서도 견딜 수 있는 성질

내초 內鞘 pericycle
양치식물, 종자식물의 안쪽 껍질에 접하는, 유세포로 이루어진 유조직의
세포층

내표피 內表皮 hypodermis
표피 바로 밑에 있는 단층 내지 여러 층의 세포층

내피 內皮 endodermis
유관속식물의 조직의 바깥표면과 중심주 사이에 있는 한 줄의 세포층

내한성 耐寒性 cold tolerance
추위를 잘 견디어내는 식물의 성질

녹음수   綠陰樹   shade tree
여름의 강한 일조와 석양 햇빛을 수관으로 차단하여 쾌적한 환경을
조성하는 목적으로 식재되는 수목

누렁 = 황화

늦서리, 만상   晩霜   late frost, spring frost
늦은 봄에 수목이 휴면을 타파하고 생장을 시작한 후 뒤늦게 닥친 저온으로
인하여 받는 피해

다자엽   多子葉   polycotyledon
세 개 이상의 자엽이 생기는 것

단근, 뿌리자르기   斷根   root pruning, root cut
세근의 발달을 촉진시키기 위해 뿌리를 자르는 것

단성생식 = 단위생식, 처녀생식

단성화   單性花   unisexual flower
동일한 꽃에 암술과 수술 중 한 가지만 존재하는 꽃

단위결과, 단위결실   單爲結果, 單爲結實   parthenocarpy
식물이 수정하지 않고도 씨방이 발달하여 열매가 맺히는 것

단위결실 = 단위결과

단위생식, 단성생식, 처녀생식   單爲生殖, 單性生殖   parthenogenesis
수정을 하지 않고 암컷만으로 개체 증식을 하는 것

단자엽, 외떡잎   單子葉   monocotyledon
떡잎(자엽)이 하나인 것

단자예   單雌蘂   simple pistil
한 개의 심피로 이루어진 암술

대기오염   大氣汚染   air pollution
인위적 활동 또는 화산, 산불 등 자연현상으로 인해 사람과 동식물에
해로운 물질이 대기 중에 확산 또는 축적된 것

대기오염물질   大氣汚染物質   air pollutant
대기 중에 존재하며 생물이나 물체 등에 악영향을 끼치는 물질

덩이뿌리 = 괴근

덩이줄기 = 괴경

도관, 물관   導管   vessel
긴 파이프와 같이 격막이 없이 위아래가 뚫려있고 5~10cm 가량 연속하여
연결되어 있어서 수분이동이 원활한 식물의 구조물

동계피소   冬季皮燒   winter sunscald
겨울철에 강한 햇빛을 받는 남서쪽 부위가 해빙과 결빙을 반복하면서
형성층 조직이 피해를 받아 수피가 고사되는 현상

동아, 겨울눈   冬芽   winter bud
온대지방에서 계절적 요인에 따라 생장하지 않고 쉬고 있는 눈으로서,
여름부터 가을에 걸쳐 생겨난 뒤 겨울동안 쉬고 있다가 다음해 봄에 싹을
틔움

동해, 어는해   凍害   freezing injury
한 겨울 빙점 이하에서 나타나는 식물의 피해

떨켜 = 이층, 분리층

만상 = 늦서리

만성피해   慢性被害   chronic injury
장시간에 걸쳐 간헐적으로 낮은 농도의 독성물질과 접촉함으로써 나타나는
피해

만재 = 추재

망상맥 = 그물맥

모세관수, 모관수   毛細管水, 毛管水   capillary water
모세관 현상에 의해 토양의 작은 공극에 보유되는 물

목본식물   木本植物   woody plant
초본식물에 대응하는 의미로 수피 안쪽의 원형질 불열조직인 유관속
형성층에 의하여 2차 조직을 만드는 식물

목부   木部   xylem
유관속의 구성요소의 하나로서 도관, 가도관, 목부섬유, 목부 유조직
등으로 되어 있는 복합조직으로 수분과 양분의 통로이면서 나무의 기계적
지지의 역할을 하고, 목부 유조직은 전분, 유지 등의 저장 조직이 됨

몰리브덴   molybdenum, Mo
식물 미량원소의 하나로서 철·구리와 상호 작용 체내의 산화−환원 반응에
관여

무성생식   無性生殖   asexual reproduction
성이 다른 배우자끼리의 융합 또는 감수분열이 없이 증식하는 것

무한생장   無限生長   indeterminate growth
정단분열조직의 생장이 제한되거나 정지되지 않는 줄기 또는 가지의 생장

물관 = 도관

미량원소, 미량요소   微量元素, 微量要素
micronutrient, microelement, trace element
식물의 생존에 필수적인 원소 중에서 요구량이 매우 적은 원소로 철(Fe),
망간(Mn), 붕소(B), 구리(Cu), 몰리브덴(Mo), 염소(Cl) 및 아연(Zn) 등이
있음

미사토   微砂土   silty soil
미사함량이 80% 이상이고 점토함량이 12% 이하 범위에 있는 토양

밀선 = 꿀샘

반굴지성   反屈地性   negative gravitropism
줄기와 같이 굴지성과는 반대로 중력 반대방향으로 자라는 성질이나 현상

발아   發芽   germination
식물의 종자, 포자, 화분 및 가지나 뿌리 등에 생긴 싹이 발생 또는 생장을
개시하는 현상

발아력   發芽力   germination capacity
싹이 트는 힘

방사조직   放射組織   ray
관다발 내를 방사방향으로 수평하게 뻗은 가늘고 긴 조직

배, 씨눈 胚 embryo
씨 속에 있는 발생초기의 어린 자엽, 배축, 유아, 유근의 네 가지로 구성됨

배낭 胚囊 embryo sac
종자 식물의 자성배우체

배발생, 배아발생 胚發生, 胚芽發生 embryogenesis
유성 또는 무성적 방법에 의한 배나 배상체 형성과정

배아발생 = 배발생

변재 邊材 sapwood
최근에 만들어진 목부조직으로 빛깔이 연한 목재의 바깥 부분

보호층 保護層 protective layer
잎이나 기타 기관이 이탈한 자리에 수분삼투를 방지하기 위해 형성된
세포층

복자엽, 다자엽 複子葉, 多子葉 polycotyledon
두 장 이상으로 된 자엽

복자예 複雌蕊 compound pistil
2개 이상의 심피로 이루어진 암술

부름켜, 형성층 形成層 cambium
줄기 및 뿌리의 목부와 사부 사이에 있는 분열세포가 열상 또는 판상으로
배열하는 세포군으로서, 이들이 분열하여 밖으로 2차사부, 안으로는
2차목부 조직을 생성함

부식 腐植 humus
신선한 유기물이 토양 중에서 복잡한 변화과정을 거쳐 생성된 비교적
분자량이 높은 산성 유기화합물군

부식층 腐植層 humic layer
유기물이 완전히 분해되어 본래의 형상을 구분하기 어려운 상태의 층위

부정근 不定根 adventitious root
줄기에서 2차적으로 발생하는 뿌리

부정아 不定芽 adventitious bud
끝눈, 겨드랑눈, 덧눈 등과 같이 일정부위에 생긴 눈

부피생장 = 직경생장

분리층 = 이층, 떨켜

분비조직 分泌組織 secretory tissue
식물체 내에서, 식물이 내보내는 분비물들을 저장하고 있는 조직

분열조직 分裂組織 meristem
세포분열로 새로운 세포를 만드는 조직

불소 弗素 fluoride
플루오린으로 불리는 할로겐 원소로 자연계에서는 화합물의 형태로 존재함

불완전화, 안갖춘꽃 不完全花 imperfect flower, incomplete flower
수술과 암술 중 하나가 같은 꽃 속에 없는 꽃

불용성 인산 不溶性燐酸 insoluble phosphate
산성토양에서 알루미늄이나 철과 결합하거나 알카리성 토양에서 칼슘과
결합하여 물에 녹지 않는 상태가 되어 식물체가 이용할 수 없는 인산

불포화지방산 不飽和脂肪酸 unsaturated fatty acid
한 분자 속에 탄소-탄소의 불포화결합과 카르복실기를 가지는 사슬 모양
화합물로 동식물 속에 널리 분포함

VA균근 —菌根 VA (vesicular arbuscular mycorrhizae)
소포상 수지상체. 균근 균사가 뿌리내부까지 침입하여 식물 뿌리와 진균의
공생적 관계로 형성된 소포상과 수피상체

비대생장 肥大生長 thickening growth
식물의 줄기나 뿌리의 부피가 옆으로 커지는 생장

비료 肥料 fertilizer
토지를 기름지게 하고 초목의 생육을 촉진시키는 물질의 총칭

비료주기, 시비 施肥 fertilization, fertilizer application
식물에 인위적으로 비료성분을 공급하여 주는 일

비옥도　肥沃度　soil fertility
토양에 유기물과 영양염류가 포함되어 있는 정도

비후부　肥厚剖　apophysis
열매가 성숙했을 때 벌어지지 않고 표면에 나타난 돌기

뿌리　root
토양 중에 형성되어 식물의 몸을 지탱하고 수분과 미네랄을 흡수하는
관다발식물의 기관

뿌리계 = 근계

뿌리골무 = 근관

뿌리압 = 근압

뿌리자르기 = 단근

뿌리털 = 근모

뿌리혹 = 근류

4강웅예　四强雄蕊　tetradynamous stamen
6개의 수술 중 2개가 다른 것보다 짧고 4개가 긴 것

사공　篩孔　sieve pore
체관의 사판에 있는 구멍

사부, 체관부　篩部　phloem
식물의 잎에서 광합성으로 만들어진 양분이 줄기나 뿌리로 이동하는 통로

사이토키닌　cytokinin
생장을 조절하고 세포분열을 촉진하는 역할을 하는 물질

산공재　散孔材　diffuse-porous wood
활엽수재의 분류형 중에 물관이 나이테 속에 균일하게 존재하는 것

산성강하물　酸性降下物　acid deposition
대기 중 산성 물질을 포함하여 지표로 떨어지는 비, 눈, 가스, 염 등 물질

산성비　酸性雨　acid rain
산성도를 나타내는 수소이온 농도지수(pH)가 5.6 미만인 비

산성화　酸性化　acidification
물에 해리되었을 때 수소 이온이 증가하여 산도가 높아지는 (pH가 낮아지는) 현상

산형화서　傘形花序　umbel
많은 꽃자루가 꽃대의 끝부분에서 나와 방사선으로 퍼져서 피는 꽃차례

삼체웅예　三體雄蘂　triadelphous stamen
3개의 묶음으로 된 꽃실에 의해 합쳐진 수술을 가진 것

삼투포텐셜　滲透—　osmotic potential
토양용액 중에 존재하는 용질에 기인하는 수분포텐셜

삼핵융합　三核融合　triple fusion
합점 쪽에 있는 3개의 핵이 서로 융합하는 것

삼화주성　三花柱性　tristyly
암술대의 길이가 서로 다른 3가지인 경우

상록수　常綠樹　evergreen tree
계절에 관계없이 잎이 항상 푸른나무

상리공생　相利共生　mutualism
두 종류의 생물체간에 서로 도움을 주고받는 현상

상승효과　相乘效果　synergism, synergistic effect
각각의 합보다 더 크게 나타나는 효과

상처유도법, 흡수촉진법　傷處誘導法, 吸水促進法　mechanical scarification
발아촉진법의 하나로 황산 처리 등 종피에 상처를 내어 수분흡수가 원할하도록 하는 기계적인 방법

상편생장, 수하현상　上偏生長, 垂下現像　epinasty
잎 앞면의 세포생장이 뒷면의 세포생장보다 빨라서 잎이 뒤로 구부러지거나 늘어지는 현상

생물검정　生物檢定　bioassay
생물에 생물활성화합물을 투여하고 그 반응을 관찰하여 물질을 검정하는 일

생물적 질소고정   生物的 窒素固定   biological nitrogen fixation
생물에 의하여 공기 중의 질소가 복잡한 질소화합물로 변환되는 것

생식생장   生殖生長   reproductive growth
유성생식을 하는 식물의 생식기관이 분화, 발달하는 것

생식세포   生殖細胞   generative cell
성세포 또는 배우자로 난자, 정자를 의미함

생육기간   生育期間   growing period
식물에서 현저한 성장이 일어나는 기간

생장   生長   growth
생물체를 이루고 있는 세포의 수가 많아져서 생물체의 크기가 커지거나
무게가 증가하는 것

생장륜 = 나이테, 연륜

생장억제제   生長抑制劑   growth inhibitor
ABA, ethylene 등 식물의 생장 및 반응을 억제하는 물질

생장점   生長點   growing point
식물의 줄기와 뿌리의 끝에서 두드러진 세포분열을 하는 부분

생장조절물질   生長調節物質   growth substance, growth regulator
생장을 억제하거나 촉진하는 물질로서 식물체에 형태적, 생리적인 특수한
변화를 일으키는 물질

생장촉진제, 생리증진제, 생리활성제   生長促進劑   growth promoter
식물의 생장을 촉진하는 물질로서 주로 옥신(auxin),
지베렐린(gibberellin), 사이토키닌(cytokinin) 등이 있음

선택성 제초제   選擇性除草劑   selective herbicide
잡초의 종류에 따라서 작용력이 다른 제초제

세근, 잔뿌리   細根   feeder root, fine root, rootlet
식물체 줄기의 기부에서 발생하는 실같이 가느다란 뿌리

세포   細胞   cell
모든 생물의 기능적, 구조적 기본단위

세포간극 細胞間隙 intercellular space
식물 조직 중에서 세포벽과 세포벽 사이의 작은 공간

세포간이동 細胞間移動 apoplastic movement
식물 조직 내부에서 세포질을 통하지 않고 빈 공간을 통한 물의 자유로운 이동

세포질이동 細胞質移動 symplastic movement
식물 조직 내부에서 세포질 등 살아 있는 부분을 통한 물의 이동

소엽 小葉 leaflet
복엽을 이루고 있는 잎 구조에서 하나하나의 작은 잎

소엽병 小葉柄 petiolule
겹잎을 이루는 작은 잎의 잎자루

속 = 수

속씨식물, 피자식물 被子植物 angiosperm
생식기관으로 꽃과 열매가 있는 종자식물 중 밑씨가 씨방 안에 들어 있는 식물

수, 속 髓 pith
식물 줄기의 내부에 관상으로 배열되어 관다발로 둘러싸여 있는 내관의 부분

수고생장 樹高生長 height growth
수간의 길이생장

수관 樹冠 crown
주간에서 갈라져 나온 줄기로부터 가지와 잎 모두를 포함하는 부분

수관형 樹冠形 crown form
수관이 갖는 형태

수분 受粉 pollination
종자식물에서 수술의 꽃가루가 암술머리에 붙는 일

수분결핍 = 수분부족

수분부족, 수분결핍   水分缺乏, 水分不足
                           water deficit, moisture deficiency
토양수분이 부족하거나 흡수에 부적당하여 식물체 내에 수분이 부족하게
됨으로써 생리기작이 장해를 받는 상태

수분스트레스   water stress
수분의 부족 또는 과다로 인하여 일어나는 스트레스

수분액   受粉液   pollination drop
나자식물에서와 같이 주공으로부터 스며나온 점액성 방울로 꽃가루를
간직하고 있음

수분이용효율   水分利用效率
                     moisture utilization efficiency, water use efficiency
관개된 수분 중 식물이 흡수하여 증발산에 이용한 수분비율

수생식물   水生植物   hydrophyte
습기가 많은 물가나 습원에 생육하는 식물

수술   雄蕊   stamen
꽃을 이루는 기관으로 생식세포인 꽃가루를 만드는 장소

수액   樹液   sap
땅속에서 나무의 줄기를 통하여 잎으로 향하는 물

수액상승   樹液上昇   ascent of sap
수액이 위쪽으로 이동하는 것

수층분열   垂層分裂   anticlinal division
어떤 기준면에 대해 분열면이 직교하는 세포분열

수피   樹皮   bark
나무줄기의 형성층보다 바깥 조직

수하현상 = 상편생장

슈트계, 지상계   地上界   shoot system
줄기, 잎, 눈, 꽃 등의 지상부에 존재하는 식물 기관

시비 = 비료주기

식물생장조절제 植物生長調節劑 plant growth regulator
식물의 생육을 촉진시키거나 반대로 생육을 억제 또는 이상생육을
인위적으로 유발시키는 약제

식물호르몬 plant hormone, phytohormone
식물체 내에서 만들어지는 곳과 작용하는 곳이 다르며, 매우 낮은 양으로도
뚜렷한 생리적 반응을 나타내는 화합물

심근성 深根性 deep rooting
뿌리를 비교적 땅 속 깊이까지 뻗어 내리며 자라는 성질

심재 心材 heartwood
나무의 중심부를 이루는 짙은 색깔의 목질부

심플라스트 細胞內 symplast
세포의 살아있는 부분으로 액포를 제외한 원형질

심피 心皮 carpel
꽃의 암술을 구성하는 부분으로 씨가 만들어지는 부분

쌍떡잎, 쌍자엽 雙子葉 dicotyledon
두 장으로 된 떡잎

쌍자엽 = 쌍떡잎

씨, 씨앗, 종자 種子 seed
수정한 밑씨가 발달하여 만들어진 식물의 번식체

씨눈 = 배

씨방, 자방 ovary
속씨식물의 배주를 내장하는 자루모양의 기관

아연 亞鉛 zinc
청백색의 금속으로 생물체 내에서 2가 양이온으로 존재하며 생물의
물질대사에 반드시 필요한 무기물질이자 지각을 이루는 주요 원소

아포플라스트 細胞外 apoplast
원형질막 외측의 세포간극 또는 원형질이 없는 도관이나 가도관 같은
자유공간

아휴면　芽休眠　bud dormancy
식물체의 눈이 휴면상태에 있는 것

악 = 꽃받침, 화악

악편 = 꽃받침조각

안갖춘꽃 = 불완전화

안토시아닌　anthocyanin
꽃이나 과실 등에 포함되어 있으며, 붉은 색을 내는 안토시아니딘의
색소배당체

암모늄화작용　ammonification
유기물중의 단백질, 아미노산 등이 토양미생물의 분해를 받아 암모니아태
질소를 생성하는 작용

암수딴그루, 자웅이주, 이가화　雌雄異株，二家花　dioecious, dioecism
암꽃과 수꽃이 각각 다른 그루에 피는 식물

암수한그루, 자웅동주, 일가화　雌雄同株，一家花
　　　　　　　　　　　　　　　monoecious, monoecism
암꽃과 수꽃이 같은 그루에 생기는 식물

암술　雌蘂　pistil
꽃을 구성하는 중요부분으로 수술에 둘러싸인 꽃의 중심부에 있는
자성생식기관

압축이상재　壓縮異常材　compression wood
침엽수의 가지 또는 만곡된 줄기의 횡단면 아래쪽에 전형적으로 생기는
비정상적 목질부

액아, 겨드랑눈　腋芽　axillary bud
잎겨드랑이에 달리는 눈으로, 일반적으로 꽃눈이 되는 경우도 있고 줄기
손상시 가지에서 새로운 줄기를 내놓기 위해 준비된 눈인 경우도 있음

양성화　兩性花　bisexual flower, hermaphrodite flower
한 꽃에 암술, 수술이 모두 들어 있는 꽃

양수 陽樹 sun tree, shade intolerant tree
직사광선이 쬐는 곳에서 잘 자라며 그늘에서는 자라지 못하는 나무

양엽 陽葉 sun leaf
빛을 충분히 받고 자란 잎

어는해 = 동해

에틸렌 ethylene
식물호르몬의 일종으로 노화를 촉진함

연륜 = 나이테, 생장륜

엽록소 葉綠素 chlorophyll
식물의 잎에 있는 엽록체 속에 황색의 카로틴 및 크산토필과 공존하는
녹색의 색소로, 빛 에너지를 유기 화합물 합성으로 화학 에너지로 바꾸는
녹색 색소

엽맥, 잎맥 葉脈 leaf vein
잎의 유관속 다발이 드러나 보이는 형태

엽병, 잎자루 葉柄 petiole
식물의 잎을 지탱하는 부분으로 잎몸과 줄기사이 부분

엽서, 잎차례 葉序 phyllotaxis
잎이 줄기와 가지에 달리는 모양

엽신, 잎몸 葉身 leaf blade
잎이 넓어진 부분으로 잎사귀를 이루는 넓은 몸통 부분

엽아, 잎눈 葉芽 leaf bud
발아 후 새 가지나 잎으로 자라는 것으로 꽃이 피지 않는 눈

엽액, 잎겨드랑이 葉腋 leaf axil
식물의 가지나 줄기에 잎이 붙은 자리

엽육, 잎살 葉肉 mesophyll
잎의 표피와 잎맥을 제외한 나머지 녹색의 부분

엽초, 잎싸개 葉鞘 fascicle sheath
잎의 기부가 칼집 모양으로 되어 줄기를 싸고 있는 것 같은 부분으로,
화분과를 비롯하여 여러 종의 외떡잎식물에서 관찰 할 수 있음

엽흔, 잎자국 葉痕 leaf scar
잎이 떨어진 뒤에 줄기에 남는 흔적으로 원형, 타원형, 삼각형, 반원형,
환형 등이 있음

영양배지 營養培地 nutrient medium
세포, 조직, 기관 등이 자랄 수 있는 다량 요소 및 미량 요소가 함유된
혼합물질

영양생장 營養生長 vegetative growth
생식성장에 대응하는 말로 식물이 발아하여 잎과 줄기가 크는 생육단계

오염원 汚染源 pollution source
오염을 발생하거나 배출의 원인이 되는 곳

옥신 auxin
줄기의 신장에 관여하는 식물생장호르몬의 일종

완전화 = 갖춘꽃

외떡잎 = 단자엽

외부공생, 외생공생 外部共生, 外生共生 ectosymbiosis
신체적으로 각각 분리되어 있는 2개의 유기체 사이에서의 공생현상

외생공생 = 외부공생

외생균근 外生菌根 ectomycorrhiza, ectotrophic mycorrhiza
균근의 일종으로, 곰팡이의 균사가 식물의 뿌리 세포내로 들어가지 않고
세포 간극에서 공생하는 것

용탈 溶脫 leaching
토양의 구성요소나 비료 성분이 물에 의해 녹아나오는 것

용탈층 溶脫層 eluvial horizon, E layer, E horizon
용탈작용에 의하여 만들어진 토양 층위

우세목, 지배목 優勢木, 支配木 dominant tree
임목중 성장이 양호하고 수관의 상층을 이루고 있는 것

울타리조직 = 책상조직

원뿌리 原— original root
나무의 토양환경에 변화가 생기기 전부터 존재하고 있던 원래 뿌리

원생목부 原生木部 protoxylem
1차목부 중 초기에 형성된 것으로서 전형성층으로부터 발달됨

원생사부 原生篩部 protophloem
1차사부 중 초기에 형성된 것으로서 전형성층으로부터 발달됨

위연륜, 헛테, 헛나이테 僞年輪 false annual ring
같은 해에 정상적으로 생기는 연륜(나이테) 외에 생기는 연륜모양의 구조

유관속 = 관다발

유관속 조직 = 관다발 조직

유관속형성층 = 관다발형성층, 관다발부름켜

유성생식 有性生殖 sexual reproduction
암수의 성이 분화하여 각 성의 배우체의 핵이 결합한 배우자 접합체로
생식하는 것

음수 陰樹 shade bearer, tolerant tree
그늘에서도 자라고 다른 수종과 경쟁에서 생존능력을 갖는 수목

음엽 陰葉 shade leaf
비교적 빛이 약한 그늘 등에서 자란 식물의 잎

이가화 = 암수딴그루, 자웅이주

이른서리, 조상 早霜 early frost
가을의 생장휴면기에 들어가기 전에 내리는 서리

이상재 異常材 reaction wood
굽은 수간이나 가지에 형성되며 정상조직과는 다른 구조를 하고 있는 목재

이엽지   異葉枝   heterophyllous shoot
자유생장 방식으로 줄기를 생장시키는 수종에서는 지난해에 만들어진
겨울눈의 엽원기가 봄에 발달하여 춘엽을 만들고 곧 이어서 당년에 생성된
엽원기가 여름 내내 발달하여 하엽을 만들어 같은 가지에 두 가지 형태의
잎을 가진 가지

2차벽   二次壁   secondary wall
세포벽 중 1차벽의 안쪽에 형성되는 부분으로서 리그닌 등이 축적되어
1차벽보다 더 두껍고 강함

2차생장   二次生長   secondary growth
목본형 쌍자엽식물에서 2차형성층이나 2차분열조직의 안팎으로 새로운
조직이 생성하는 것

2차오염물질   二次汚染物   secondary pollutant
배출된 1차 오염물들이 화학반응을 일으켜서 새로 만들어지는 해로운 물질

2차휴면   二次休眠   secondary dormancy
1차 휴면이 타파된 종자가 어떤 일정환경에 놓이게 되면 다시 생리적 휴면
상태로 되는 경우

이층, 떨켜, 분리층   離層, 分離層   abscission layer, abscisic layer
잎, 꽃, 열매 등을 식물의 몸에서 떨어뜨리기 위해 만드는 세포층

일가화 = 암수한그루, 자웅동주

일액현상   溢液現象   guttation
식물체의 배수 조직에서 수분이 물방울 형태로 배출되는 현상

1차목부, 1기목부   一次木部, 一期木部   primary xylem
형성층에서 분화되어 만들어진 목부

1차사부, 1기사부   一次篩部, 一期篩部   primary phloem
형성층에서 분화되어 만들어진 사부

1차엽   一次葉   Primary needle
종자 발아 후 자엽이 지상부로 자라고 유아(幼芽)가 형성되는데 유아로부터
제일 처음 만들어지는 잎

1차오염물질 一次汚染物質 primary pollutants
일산화탄소, 산화질소, 염화수소 등 입자와 온갖 중금속 성분 등
발생원으로부터 직접 방출된 오염물질

임계온도 臨界溫度 critical temperature, threshold temperature
어떤 특정 현상 또는 반응 등의 발생을 좌우하는 경계점의 온도

잎 葉 leaf
식물의 줄기에 붙어서 광호흡과 탄소동화작용을 하는 녹색 기관

잎겨드랑이 = 엽액

잎눈 = 엽아

잎맥 = 엽맥

잎몸 = 엽신

잎살 = 엽육

잎싸개 = 엽초

잎자국 = 엽흔

잎자루 = 엽병

잎차례 = 엽서

자가수분 自家受粉 self-pollination
한 그루의 식물 안에서 자신의 꽃가루를 자신의 암술머리에 붙이는 현상

자가수분장애 自家受粉障礙 herkogamy
하나의 양성화에서 수술과 암술머리가 공간적으로 떨어져 있어서
자가수분이 방지될 때를 일컫는 말이다

자모 刺毛 stinging hair
식물의 세포벽이 비후하여 견고해진 털

자방 = 씨방

자성배우자체 雌性配偶者體 female gametophyte
속씨식물의 암술에 있는 배우자체

자엽초 子葉鞘 coleoptile
싹이 텄을 때 제일 먼저 지상으로 나오는 부분

자예 = 암술

자예선숙 雌蘂先熟 protogyny
암술이 수술보다 먼저 성숙하는 것

자웅동주 = 일가화, 암수한그루

자웅이숙 雌雄異熟 dichogamy
암술과 수술의 성숙시기 차이 때문에 동시에 성숙하지 못하는 경우를 말함

자웅이주 = 이가화, 암수딴그루

자유생장 自由生長 free growth
겨울눈이 봄에 자라난 이후 정단분열조직에서 새로운 엽원기를 만들어
하엽을 만들고 줄기생장 하는 것

작은키나무 = 관목

잔뿌리 = 세근

잠아 潛芽 dormant bud
충실하게 발달하지 못하였거나 발아할 수 있는 조건이 되지 못하여 봄에
발아하지 않고 있는 눈

장력 張力 tension
서로 끌어 당기는 힘

장주화 長柱花 long-styled flower
암술머리의 형태의 일종으로 암술이 긴 것으로 짧은 꽃실에 꽃밥이 붙어
있는 형태

저생 低生 basilar
자방 밑에서 돋은 암술대

저온처리 低溫處理 chilling, low temperature treatment
구근류나 화목류 등에서 화아 분화나 영양 생장을 인위적으로 유발하기
위하여 낮은 온도에 일정 기간 두는 것

전정 = 가지치기

점토, 진흙 粘土 clay
지름이 0.002mm (2μm) 이하인 입자로 이루어진 토양

정아, 끝눈 頂芽 terminal bud
생장을 계속하고 있는 활동적인 상태의 줄기나 가지 끝 부분에 생기는 눈

정아우세, 끝눈우세 頂部優勢 apical dominance
정아의 발달을 촉진하고 측아의 발달을 억제 하는 현상

제초제 除草劑 herbicide
잡초를 선택적 혹은 비선택적으로 제거하는데 사용되는 약제

조기낙과 早期落果 abortion, early (fruit) drop
성숙기보다 일찍 과실이 떨어지는 것

조재 = 춘재

주광성 走光性 phototaxis
빛의 자극에 의하여 일정한 방향으로 굽는 성질

주근, 직근 主根, 直根 main root, tap root
종자 또는 영양번식기관으로부터 자라나와 아래로 곧게 자란, 주가 되는 뿌리

주맥, 중맥, 중륵 主脈, 中脈, 中肋 main vein, mid-vein
잎의 중앙부에 있는 가장 굵은 잎맥

주맹아 株萌芽 stump sprout
줄기움. 줄기 움돋이

주병 珠柄 funiculus
밑씨가 심피에 붙는 자루, 즉 배주와 태좌 간의 연결부위

주지 主枝 main shoot
주간에서 발생한 굵은 가지로 과수의 수형을 다듬는데 기본이 되는 가지

주피 周皮 periderm
줄기나 뿌리의 표피 안쪽에 있는 세포층

줄기(수간) 樹幹 trunk, stem
아래로는 식물의 뿌리와 연결되고 위로는 잎과 연결되어 있는 식물체의
영양기관

중륵 = 주맥, 중맥

중맥 = 주맥, 중륵

중복수정 重複受精 double fertilization
속씨식물의 난세포와 극핵이 동시에 두 개의 정핵에 의해서 수정되는 현상

중복휴면 重複休眠 double dormancy
작물의 종자가 휴면이 완료된 뒤에 다시 외부환경에 의해서 휴면이 되는
현상

증산작용 蒸散作用 transpiration
잎의 기공을 통해 물이 기체 상태로 빠져나가는 작용

지배목 = 우세목

지베렐린 gibberellin
식물호르몬의 일종으로 종자에서 많이 생산되며, 생장 촉진 등에 관여함

지상경 地上莖 terrestrial stem
땅위로 자라는 줄기

지상계 = 슈트계

지지근 支持根 prop root
자신의 지상부를 유지할 수 있는 뿌리

지하경 地下莖 rhizome
땅속에서 자라는 줄기

지하고 枝下高 clear-length, crown height
지표면으로부터 수관의 맨 아래 가지까지의 높이

직경생장, 부피생장 直徑生長 cambial growth
줄기가 굵어지는 생장

직근 = 주근

질산화박테리아 窒酸化細菌 nitrifying bacteria, nitrifier
유기질소나 암모늄이온을 질산화(NO_2^- 또는 NO_3^-로 분해) 하는 박테리아

질산화작용 窒酸化作用 nitrification
암모니아태 질소가 미생물 작용에 의하여 아질산태와 질산태 질소로
산화되는 반응($NH_4^+ \rightarrow NO_2^- \rightarrow NO_3^-$)

질산환원 窒酸還元 nitrate reduction
토양 중에서 질산화작용과는 반대로 질산이 환원되어 아질산으로 되고
다시 암모니아로 변화되는 작용

질산환원효소 窒酸還元酵素 nitrate reductase
질산염을 아질산염으로 전환을 촉매하는 효소

질소 窒素 nitrogen, N
단백질, 알칼로이드 등의 구성 원자로서 생물체 구성에 불가결한 성분

질소고정 窒素固定 nitrogen fixation
대기 중의 유리질소를 생물체가 생리적으로 또는 화학적으로 이용할 수
있는 상태의 질소화합물로 바꾸는 일

질소산화물 窒素酸化物 nitrogen oxide (Nox)
질소와 산소로 이루어진 여러 가지 화합물의 총칭

집약수술, 취약웅예 聚葯雄蘂 syngenesious
꽃밥이 모여 암술대를 둘러싸서 대롱 모양을 이루고 있는 수술

집적층 集積層 illuvation layer
쌓이고 쌓여서 만들어진 토양층으로, 토양단면에서 용탈층과 대조되어
구별할 수 있음

책상조직, 울타리조직 柵狀組織 palisade parenchyma
엽육을 구성하는 유조직의 일종으로 세포의 길이가 신장되어 있으며 잎의
표면부에 대해 수직으로 배열되어 있음

처녀생식 = 단위생식, 단성생식

체관부 = 사부, 사관부

초본식물 草本植物 herb, grass
줄기가 초질로 되었으며 지상부가 1년 또는 2년으로 고사하는 식물

초살도 梢殺度 tapering
줄기 상부와 하부의 굵기 차이

추재, 만재 秋材, 晩材 summer wood, autumn wood
수목의 나이테 중에서 여름부터 가을에 걸쳐서 형성된 부분

춘엽 春葉 early leaves
유생장하는 수목에서 지난해에 만들어진 겨울눈으로부터 봄에 자라나온 잎

춘재, 조재 春材, 무材 spring wood
수목의 나이테 중에서 봄철에서 여름까지 형성된 부분

춘화처리 春化處理 vernalization
작물의 개화를 유도하기 위하여 생육기간 중의 일정시기에
온도처리(저온처리)를 하는 것

충매화 蟲媒花 insect-pollinated flower, entomophily
곤충에 의해 수분되는 꽃

취과 聚果 aggregate fruit
작은 석과가 집합한 위과

취약웅예 = 집약수술

측근 = 곁뿌리

측맥 側脈 lateral vein
가운데 잎맥에서 좌우로 갈라져서 가장자리로 향하는 잎맥

측아 = 곁눈

측지 側枝 lateral branch
옆으로 뻗어나온 가지

침엽 針葉 needle leaf
소나무 잎과 같이 바늘처럼 생긴 잎

침엽수   針葉樹   needle-leaved tree
잎이 바늘처럼 생긴 나무

카스파리안대   casparian strip
무기염을 선택적으로 흡수하기 위해 내피세포의 apoplast 구역에 만들어진
목전질(suberin) 띠

칼로즈   callose
비결정체 다당류로서 가수분해에 의해 포도당을 생성하며 종자식물에
있어서의 사부세포벽이나 사공역의 구성성분

코르크세포   cork cell
코르크 형성층에서 유래된 벽이 코르크화된 죽은 세포로서 방수성이
강하므로 보호기능이 있음

코르크피층   —皮層   phelloderm
일부분으로 코르크 형성층에서부터 코르크조직과는 반대방향으로 형성되는
조직

코르크형성층   —形成層   cork cambium
내피와 외피 사이에 있는 후생 분열조직의 하나

큐틴, 각질소   角質素   cutin
지방 유도체들의 복잡한 중합체로 물에 불투성인 각피의 일차적인 성분

큰키나무 = 교목

타가수분   他家受粉   cross-pollination
같은 종의 식물에서 한 식물 개체의 꽃가루가 다른 식물 개체의 암술머리에
붙는 현상

타감작용   他感作用   allelopathy
식물에서 일정한 화학물질이 생성되어 다른 식물의 생존을 막거나 성장을
저해하는 작용

타닌   tannin
다가페놀을 포함하며 유피성(皮性)의 복잡한 조성을 가진 식물 성분

탄수화물　炭水化物　carbohydrate
수소, 산소, 탄소로 구성된 화합물

탈리층　脫離層　abscission layer, absciss layer
잎, 꽃, 열매 등이 식물의 몸에서 떨어져 나갈 때 생기는 세포층

탈질작용　脫窒作用　denitrification
토양 중의 질소가 아산화질소(N_2O), 산화질소(NO), 질소가스(N_2) 등으로
변해서 토양 밖으로 달아나는 현상

토성　土性　soil texture
토양내 모래, 미사, 점토의 상대적 함량비

토양단면　土壤斷面　soil profile
토양을 수직방향으로 일정한 깊이까지 파 내려갔을 때의 토층을 보여주는
토양의 수직단면

토양분석　土壤分析　soil analysis
토양의 여러 가지 특성을 알기 위하여 실시하는 물리적, 화학적 및
생물학적 분석

토양생물　土壤生物　soil organism
토양에서 주로 서식하는 미생물, 곤충, 소동물 등

편심생장　偏心生長　eccentric growth
줄기나 가지의 형성층의 분열이 불균형하게 이루어져 결과적으로
연륜(나이테)의 중심이 한쪽으로 치우치며 자라는 것

평행맥 = 나란히맥

포화지방산　飽和脂肪酸　saturated fatty acid
분자 내에 이중결합을 갖지 않는 지방산, 즉 탄소와 탄소가 단일 결합으로
이루어진 화합물

표피세포　表皮細胞　epidermal cell
식물체의 표면을 덮어 싸고 있는 세포

풍도　風倒　windthrow
나무 등이 바람에 의해 넘어지거나 기운 것

풍해 風害 wind damage
바람에 의한 물리적, 기계적, 생리적 피해

피목 皮目 lenticel
수목의 줄기나 뿌리에 외피조직이 만들어진 후 세포 사이의 틈이 이어져
있는 공기 통로 조직

피압목 被壓木 suppressed tree, over-topped tree
삼림에서 다른 수관에 의해 수직으로 완전히 그늘이 진 곳에 자라는 열세한
임목

피자식물 = 속씨식물

피층 皮層 cortex
뿌리와 줄기에 있는 식물 조직계로서 표피와 중심주사이의 세포층

필수원소 必須元素 essential element
식물의 건전한 생장과 생존에 없어서는 안되는 영양 원소

하엽 下葉 lower leaves
식물의 잎을 줄기 부착 위치에 따라 4등분 했을 때 제일 아래 부분에서
자란 잎

하재 夏材 summer wood
수목의 나이테 중에서 여름에 형성된 부분

한발 旱魃 drought
장기간에 걸친 물 부족, 가뭄

해거름 = 격년결실, 해거리

해거리 = 격년결실, 해거름

헛나이테 = 위연륜, 헛테

헛물관 = 가도관

형성층 = 부름켜

호흡 呼吸 respiration
생물이 산소를 흡입하고 이산화탄소를 배출하여 고분자물질을
저분자물질로 변환하는 것

화밀선 = 꽃꿀샘

화밀선 = 꽃꿀샘

화분 = 꽃가루

화분 = 꽃가루

화분방울   pollination drop
나자식물에서와 같이 주공으로부터 스며나온 점액성 방울로 화분립을
간직하고 있음

화아 = 꽃눈

화악 = 꽃받침, 악

황화, 누렁   黃化   chlorosis
엽록소가 형성되지 않아 누렇게 되며 엽록체 발달이 없어지는 현상

후숙   後熟   after ripening
겉보기 성숙을 거친 후에 있어서의 식물의 성숙

휴면타파   休眠打破   dormancy breaking
휴면으로부터 깨어나 성장이나 활동을 개시하도록 하는 것

흡수촉진법 = 상처유도법

흡착수   吸着水   absorbed water
토양콜로이드에 흡착된 수분

제3장

수목해충

각상관 = 뿔관

경종적방제, 재배적방제   耕種的防除, 栽培的防除
                              agronomical control, cultural control
해충의 생태적 특징을 이용하여 환경요인을 제어하기 위해 재배조건을
변경하여 해충을 방제하는 방법

관건해충 = 주요해충

기생   寄生   parasitism
어떤 생물이 다른 생물의 체내 또는 체표에 서식하며 영양을 섭취하여
생활하는 현상

기생성   寄生性   parasitism
다른 생물의 체내 또는 체표에 서식하며 영양을 섭취하여 생활하는 성질

기생성천적   寄生性天敵   parasitic natural enemy
기생성 응애류, 기생벌, 기생파리 등처럼 해충의 내외에 기생하는 곤충류

기주범위   寄主範圍   host range
기생체가 양분을 빼앗을 수 있는 기주생물 종류들

기주선택성, 기주특이성   寄主選擇性   reference selectivity
특정 기주를 가려서 기생하는 성질

기주식물   寄主植物   host plant
기생체의 먹이가 되는 식물

기주특이성 = 기주선택성

길항작용   拮抗作用   antagonism
협력작용의 반대어로 한 생물이 다른 생물의 활동을 감소, 소멸 또는
억제시키는 작용

깍지벌레   scale insect
노린재목 깍지벌레과 곤충의 총칭으로, 식물의 즙액을 빨아먹으며 일년에
보통 1~2회 발생하며 몸에 왁스질을 분비함

나무좀   bark beetle
딱정벌레목 나무좀과에 속하는 곤충의 총칭으로, 수목의 형성층이나
목질부에 갱도를 뚫어서 피해를 주는 해충

나방   蛾   moth
나비목에 속하는 곤충 중 나비류를 제외한 나머지 것들

난괴, 알덩어리   卵塊   egg masses
알이 수십 개씩 뭉쳐서 존재하는 것

난기간   卵期間   egg period
곤충이 낳은 알이 부화 될 때까지의 기간

난태생   卵胎生   ovoviviparity
수정란이 모체의 밖으로 나와 산란되지 않고, 모체 안에서 부화하여
나오는 것

날개맥 = 시맥

내충성   耐蟲性   insect resistance
해충의 가해에 대하여 저항성과 내성을 가지는 성질

노령유충 = 노숙유충

노숙유충, 노령유충   老熟幼蟲, 老齡幼蟲   old larvae, late larva
곤충의 유충단계에서 번데기가 되기 직전의 단계이나 명확한 정의가 있는
것이 아닌 성숙한 유충을 통칭함

다배발생   多胚發生   polyembryony
1개의 알에서 여러 마리의 애벌레가 나오는 것으로서 주로 기생벌에서
나타남

다형현상   多形現象   polymorphism
두 가지 이상의 뚜렷하게 다른 형이 동일 집단 내에 존재하는 현상

다화성   多化性   multivoltinism, polyvoltine, polyvoltism
해충이 자연상태에서 1년에 3회 이상 세대를 반복하는 성질

단성생식 = 단위생식, 처녀생식

단시형   短翅型   brachypterus form
곤충의 성충이 생리, 생태적 조건상 짧은 날개를 가진 형태

단위생식, 단성생식, 처녀생식   單爲生殖, 單性生殖, 處女生殖
　　　　　　　　　　　　　　　parthenogenesis
수정을 하지 않고 암컷만으로 개체 증식을 하는 것

더듬이   觸角   antenna
촉각, 곤충의 머리끝에 가늘고 길게 달려 있는 감각기관

도태압, 선택압   淘汰壓, 選擇壓   selection pressure
생태계에서 특정 유전형이나 표현형을 제거 또는 선택하는 힘

돌발해충   突發害蟲   sporadic insect, occasional pests
주기적으로 대발생, 또는 평상시 많지 않다가 급작스레 비정상적으로
대발생하는 해충

동정   同定   identification
생물을 알려진 자료를 바탕으로 비교 검토하여 분류군 중에서 그 위치를
결정하는 일

두흉부   頭胸部   prosoma, cephalothorax
응애류에서 두부와 흉부가 융합되어 하나가 된 부위

매개곤충, 매개충   媒介昆蟲, 媒介蟲   insect vector
병원체를 중개하는 곤충으로 주로 흡즙성, 저작성 해충임

매개충 = 매개곤충

면충   綿蟲
노린재목 면충과 곤충의 총칭으로 몸에 흰색 밀랍상 물질을 분비함

목분   木粉   frass, wood flour
천공성해충이 목재를 갉아먹으면서 생기는 목재가루

무성세대   無性世代   agamic generation, asexual generation
한 개체가 단독으로 새로운 개체를 형성하는 세대

무시충, 무시태생 無翅蟲, 無翅胎生
　　　　　　　　　apterous viviparous female, aptera vivipara
특히 진딧물류에서 날개가 없는 산란성의 암컷

무시태생 = 무시충

물리적방제 物理的防除 physical control
열, 빛 등 물리적 힘을 가하여 해충을 방제하는 방법

밀랍 蜜蠟 bee's wax
진딧물류, 깍지벌레류, 나무이류, 매미충류, 면충류, 선녀벌레류 등의
체표면을 덮고 있는 왁스상의 물질

바구미 weevil
딱정벌레목 바구미과의 곤충

발생소장 發生消長 seasonal prevalence
곤충 개체 수의 계절적 증감 추이

발생예찰 發生豫察 forecasting of occurrence
수목에 피해를 주는 해충의 발생량과 발생 시기 등을 미리 관찰하는 일

발육영점온도 發育零點溫度 developmental zero point
곤충의 발육이 시작되는 시점의 온도

방적기 紡績器 spinning apparatus
거미류나 응애류에서 실을 내는 구조

방적돌기, 출사돌기 紡績突起, 出絲突起 spinneret
거미류나 응애류에서 실을 만들어 내는 돌기

방제 防除 control
수목에 피해를 주는 각종 병해충을 예방하고 구제하는 것

방패벌레 lace bugs
노린재목 방패벌레과의 곤충으로 유충과 성충이 식물체의 잎을 흡즙하여
피해를 일으킴

방화곤충 訪花昆蟲 flower visiting insect
식물의 수정을 위해 화분을 운반하는 곤충

배다리 腹肢 abdominal appendage
곤충 유충의 배마디에 붙어 있는 다리

배면 背面 dorsal
위쪽 또는 등쪽으로 향하고 있는 면

번데기, 용 蛹 cocoon
완전변태를 하는 곤충에서 유충기와 성충기 사이의 기간으로 휴지기에
들어가 있는 것

벌레혹 = 충영

벌채목 伐採木 felled tree
잘려진 나무로서 하늘소류, 나무좀류, 비단벌레류 등 천공성해충을 유인함

법적방제 法的防除 legal control
법령에 의해 실시하는 방제

변태 變態 metamorphosis
곤충의 형태가 탈피와 함께 바뀌는 것

복면 腹面 ventral
기관의 아래쪽이나 안쪽 면, 배쪽 또는 중심축에서 가까운 면

부속지 附屬肢 appendage
곤충의 몸체에 부착되는 기관 또는 부분

부착률 附着率 deposit ratio
살포한 약제량에 대한 대상 식물에 묻어있는 양의 비율

부화 孵化 hatching
알껍질을 깨고 나오는 것

부화유충 孵化幼蟲 hatched larva
알에서 깨어난 어린 유충

분류 分類 classification
형태, 구조, 습성 및 기타의 성질과 그들의 유연관계를 체계적으로 나누는 것

불완전변태 不完全變態 incomplete metamorphosis
곤충이 알에서 부화해서 번데기가 되지 않고 성충으로 변태하는 것

비경제해충 非經濟害蟲 non-economic pests
수목을 가해는 하나 그 피해가 경미하여 방제의 필요성이 없는 해충

뿔관, 각상관 角狀管 siphunculus, siphunculi, cornicle
진딧물류에서 있어서 복부 등쪽 끝에 한 쌍의 작은 관이 밖으로 튀어 나와
있는 것

산란 産卵 oviposition, spawning
곤충이 교미 후 수정된 알을 체외로 방출하는 현상

산란선호성 産卵選好性 oviposition preference
곤충이 알을 산란하는데 있어서 특정한 것을 선택하여 좋아하는 성질

산란수 産卵數 number of eggs laid
한 마리의 암컷이 낳은 전체 알의 수

산란전기 産卵前期 preoviposition period
암컷이 우화 후 알을 낳게 될 때까지의 기간

산란흔 産卵痕 oviposition mark
곤충이 알을 산란하면서 만드는 흔적

상순 = 윗입술

생명표 生命表 life table
보통 암컷 1마리당 산란 수를 출발점으로 하여 알에서 성충으로 이르는 각
발육단계에서 사망요인으로 인한 감소 수를 나타낸 표

생물적 방제 生物的 防除 biological control
천적곤충, 천적미생물, 길항미생물 등 생물적 수단을 이용하여 병해충을
구제하는 방제법

생태적방제 生物的 防除 ecological control
천적 등을 이용하여 생태계의 균형을 해치지 않으면서 해충을 방제하는
방법

생활사, 생활환 生活史, 生活環 life cycle
한 생명체의 출현으로부터 소멸 사이에 일어나는 그 생물의 생장과 발달
단계

생활환 = 생활사

선단지   先端地   boundary area
해충의 피해가 확산되는 지역의 가장 앞부분

선택압 = 도태압

섭식   攝食   feeding
해충이 먹이가 되는 식물을 먹는 것

성비   性比   sex ratio
암컷의 수를 100으로 할 때 수컷의 수

성충   成蟲   imago, adult
곤충의 최종 성숙 단계로서, 대부분 날개를 지니고 외부생식기가 완성되어
있는 단계

성충태   成蟲態   imago stage
곤충이 성충인 단계

성페로몬   sex pheromone
곤충이 같은 종의 이성을 유인하는 물질

성페로몬 트랩   sex pheromone trap
성페로몬을 이용하여 해충을 유인하여 방제하기 위한 덫

세대   世代   generation
생식에서 바로 다음 생식까지의 기간

세대기간   世代期間   generation time
한 곤충이 부화하여 성장 후 산란을 할 때까지의 기간

소순판   小楯板   scutellar
곤충 등판의 뒷부분

수세 쇠약목   樹勢衰弱木   unhealthy trees
자라는 정도가 약한 나무

수컷   雄   male
정소를 가지며 정자를 만드는 개체

숙주전환 宿主轉換 host change
곤충이 한 세대를 유지하기 위해 한 숙주에서 다른 종류의 숙주로 옮기는 것

시맥, 날개맥 翅脈 vein
곤충 날개의 무늬를 이루는 맥

식물검역 植物檢疫 plant quarantine
식물에 해를 끼치는 새로운 해충과 병균이 외국으로부터 들어오거나
나가는 것을 방지하기 위해 시행하는 검사

식식성 食植性 phytophaga
식물질을 주로 먹는 식성

식엽성 食葉性 leaf eating, phyllophagous
식물의 잎을 먹이로 하는 성질

식해 食害 feeding injury
해충이 식물체의 조직을 먹어서 생기는 피해

식흔 食痕 feeding trace
해충이 식물체 조직을 먹은 흔적

신초 新梢 shoot, new shoot
새가지, 당년에 자라난 가지

심식충 深食蟲 fruitmoth
유충이 과수의 과실 속을 파 먹어 들어가 피해를 입히는 해충

아랫입술 下脣 labium
곤충의 구기를 구성하는 한 부분으로서 작은턱 바로 뒷마디의 양부속지가
융합한 것

알 卵 eggs
곤충이 번식을 위해 암컷에서 체외로 산출되는 생식세포

알덩어리 = 난괴

암브로시아 나무좀 ambrosia beetle, pinhole borer, shothole borer
쇠약목이나 고사목의 목질부에 갱도를 만들고 곰팡이를 배양해서 먹고
자라는 나무좀류의 총칭인데, 경우에 따라 특정 종을 지칭하기도 함

암수딴몸 = 자웅이체

암컷 雌 female
난세포를 생성하거나 대배우자를 형성하는 개체

애벌레, 유충 幼蟲 larva
완전변태를 하는 곤충이 알에서 부화한 뒤 번데기가 되기 전까지의 단계

약제방제 藥劑防除 chemical control
약제의 화학작용을 이용하여 병해충을 방제하는 방법

약충 若蟲 nymph
불완전변태를 하는 곤충이 알에서 부화한 뒤 성충이 되기 전까지의 단계

양성생식 兩性生殖 amphigony, digenetic reproduction, xygogenesis
유성생식 중 암수 양성의 배우자를 융합, 수정하는 생식방법

여름기주 夏寄主 summer host
기생체가 여름에 기생하는 기주

영기 齡期 instars, stadium, stage
유충이 탈피한 후 다음 탈피를 할 때까지의 기간

영충 齡蟲 instar
곤충의 유충이 탈피할 때 탈피와 탈피 사이의 각 기간의 유충

예찰 豫察 forecasting, prediction
해충의 밀도, 현재의 발생상황 등을 고려하여 앞으로 해충의 발생을
예측하는 것

예찰등 豫察燈 light trap
주광성 해충의 발생시기, 발생량을 검정하기 위한 등

완전변태 完全變態 complete metamorphosis, holometabolous
metamorphosis, holometaboly, holomometamorphosis
곤충의 발육 과정 중 번데기 시기를 거쳐 성충이 되는 것으로
내시류(內翅類)라 함

외골격 外骨格 exoskeleton
몸의 바깥쪽을 싸고 있는 골격

용 = 번데기

용실 蛹室 pupal chamber
번데기방

용화 蛹化 pupation
곤충의 유충이 탈피하여 번데기가 되는 현상

우화 羽化 eclosion, emergence
곤충의 약충이나 번데기에서 탈피하여 성충이 되는 것

우화소장 羽化消張 seasonal occurrence
곤충이 성충이 발생하는 증감 추이

우화율 羽化率 eclosion rate
곤충의 약충이나 번데기가 성충이 되는 비율

월동 越冬 overwintering
겨울을 나는 것

월동란 越冬卵 hybernatingegg
겨울을 나는 알

위생간벌 衛生間伐 sanitation-salvage cuttings
임목밀도를 조절하여 건전한 임분을 육성함으로써 해충피해의 위험성을
감소시키는 방법

윗입술, 상순 上脣 labrum
곤충 입의 한 부분을 말하며 판모양의 움직일 수 있는 부분으로 큰턱 위에
위치함

유리나방 clearwing moth
나비목 유리나방과(Sessidae)에 속하는 나방으로 날개가 투명하며 유충이
수목의 목질부를 가해함

유살법 誘殺法 luring method
해충의 특수한 습성 및 주성 등을 이용하여 구제하는 방법

유성생식   有性生殖   sexual reproduction
암수의 성이 분화하여 각각의 성에서 배우체의 핵이 결합한 배우자 접합체로 생식하는 것

유시충   有翅蟲   alate
진딧물류, 면충류에서 날개를 가진 성충

유시태생   有翅胎生   alata vivipara
진딧물류, 면충류에서 날개가 달린 채로 알에서 부화된 형태로 태어나는 것

유시형   有翅型   winged form, pterous
진딧물류, 면충류에서 있어서 같은 종내에 날개가 있는 형태

유아등   誘蛾燈   lighttrap
주광성의 해충을 빛에 이끌리도록 유인하여 잡는 장치

유인목, 이목   誘引木, 餌木   attractant trap logs, bait logs
주로 천공성 해충의 산란을 위해 설치하는 목재

유인제   誘引劑   attracting agent
해충을 유인할 목적으로 사용하는 물질

유충 = 애벌레

유충태   幼蟲態   larva stage
곤충이 유충인 단계

유효적산온도   有效積算溫度   effective accumulated temperature
곤충이 생장과 발육에 유효한 온도의 총 온열량

응애   葉蝨, 蜱   mite
거미강 진드기목 가운데 후기문아목(진드기류)을 제외한 거미류의 총칭

이목 = 유인목

익충   益蟲   beneficial insect
직접, 간접적으로 사람에게 이익을 주는 벌레의 총칭(꿀벌, 누에나방, 거미류 등)

인피부 靭皮部 phloem
체관, 반세포, 사부유조직, 체부섬유로 된 복합조직으로 체내물질의 이동
통로가 됨

임업적방제 林業的防除 forestry control
병해충발생에 불리하도록 하는 각종 갱신, 무육, 벌채 등 산림의 시업적
조치

입틀 口器 mouth-parts
구기, 곤충에서 입 주위에서 먹이를 씹는 기관

잎말이나방 leaf roller moth
나비목 잎말이나방과에 속하는 소형 나방류로 유충이 실을 뿜어내
식물체의 잎을 말아 엮음

잎벌 sawfly
벌목 잎벌상과의 곤충의 총칭, 유충이 식물의 잎을 갉아먹는 해충임

잎벌레 leaf beetle
딱정벌레목 잎벌레과에 속하는 곤충의 총칭, 유충과 성충이 잎을 갉아먹는
해충임

자극감수성 刺戟感受性 irritability
외부의 자극을 받아들이고 그에게 반응하는 생물들의 고유한 능력

자모 刺毛 seta
하늘나방과, 돌나방과, 쐐기나방과, 불나방과 유충의 속이 빈 관으로 된
독가시

자웅이체, 암수딴몸 雌雄異體 gonochorism
암컷, 수컷이 따로 있는 동물

작은턱 小顎 maxilla
절지동물에서 큰턱 다음에 위치하며 구기의 중요한 구성요소

잠복소 潛伏巢 hiding place
나무 줄기에 감는 짚이나 거적으로, 월동하려는 해충을 유인 후 제거하기
위한 것

잠엽곤충　潛葉昆蟲　leaf miner
식물체의 잎에 굴을 만들어 엽육을 먹는 해충

잠재해충　潛在害蟲　potential insect pests
평상시에는 큰 피해가 없으나 먹이사슬이 파괴되면 갑자기 번식하여
해충화하는 것

잡식성　雜食性　omnivority, polyphagy
식물과 동물성 먹이를 다 먹는 성질

장시형　長翅型　macropterus form
곤충의 날개가 완전히 발달되어 있는 형태

재배적방제 = 경종적방제

저정낭　貯精囊　seminal vesicle, sperma
곤충의 수컷 생식계에 있어서 정액을 저장하는 역할을 하는 주머니 모양의
기관

저항성　抵抗性　resistance
피해요인 또는 병원체의 영향을 완전히 또는 어느 정도 배제시키거나
극복할 수 있는 기주식물의 능력

전구식　前口式　prognathous
길앞잡이와 같이 입에서 음식을 받아들이는 방향이 소화관이 놓인 몸의
방향과 대체로 동일한 방향으로 놓인 입의 형태

전약충　前若蟲　protonymph
응애류에서 부화유충과 후약충 사이의 단계

전용　前蛹　prepupa, primapupa, propupa
유충의 탈피각 안에 들어 있는 번데기, 유충의 표피가 진피층에서 떨어지고
잠시 동안 발육중인 번데기가 유충의 표피 안에 그대로 들어 있는 상태

절지동물　節肢動物　Arthropoda, Arthropod
무척추동물 중 몸이 외골격으로 싸여 있는 동물무리로 거미류, 곤충류,
갑각류, 다지류 등으로 나뉨

종간경쟁 種間競爭 interspecific competition
다른 종에 속한 개체들이 같은 종류의 먹이나 공간을 필요로 하는 경우에
일어나는 경쟁

종내경쟁 種內競爭 intraspecific competition
동종개체 간의 경쟁, 생태학에서는 개체군의 밀도 조절기구의 중요한
요인임

종령유충 終齡幼蟲 last instar larvae
번데기가 되기 전 단계의 유충

종분화 種分化 speciation
종 내의 집단 간에 유전자 교류가 중단되고 지리적, 생리적 격리가 일어나
새로운 종으로 나뉘는 것

종실구과해충 種實毬果害蟲 seed.corn insect
종실과 구과에 피해를 주는 해충

종합적 방제 綜合的 防除 integrated pest management (IPM)
모든 방제수단을 이용하여 병해충 밀도를 경제적 피해 수준이하로 억제,
유지하는 것

주광성 走光性 phototaxis
빛의 자극에 의하여 일정한 방향으로 끌리는 성질

주성 走性 taxis
외부의 자극에 의하여 운동을 일으키고 그 운동에 방향성을 가지는 것

주습성 走濕性 hygrotaxis
습기나 수분에 반응하는 주성

주요해충, 관건해충 主要害蟲 major pests
매년 만성적, 지속적인 피해를 주는 해충

주음성 走音性 phonotaxis
음향에 의하여 발생하는 주성

주지성 走地性 geotaxis
중력 자극에 의하여 발생하는 주성

주촉성 走觸性 thigmotaxis
접촉 자극에 의하여 발생하는 주성

주풍성 走風性 anemotaxis
바람에 자극에 의하여 발생하는 주성

중간기주 中間寄主 alternatehost
생활사를 완성하기 위하여 꼭 필요한 두 종의 기주 중 중요도가 낮은 기주

즙액 汁液 juice, sap, solubles
식물에서 액체로 된 성분

지제부 地際部 soil surface
토양의 표면에 접한 부위

진딧물 aphid
곤충강 노린재목 진딧물과의 총칭 식물의 즙액을 빨아먹는 해충임

처녀생식 = 단위생식, 단성생식

천공성해충 穿孔性害蟲 tree borers insect
나무의 줄기나 가지에 구멍을 뚫어 피해를 주는 해충

천적 天敵 natural enemy
해충을 공격하여 죽이거나 번식능력을 저하시키는 다른 종의 생물

천적유지식물 天敵維持植物 banker plants
천적을 이용한 해충방제를 위해 천적이 지속적으로 유지될 수 있도록 심는 식물

체모 體毛 hair
곤충 몸의 각 부위에 난 털

체장 體長 bodylength
곤충에서 부속지를 제외한 머리에서부터 배끝까지의 길이

체절 體節 segment
분절적 입체구조

총채벌레 thrips
총채벌레목의 총칭으로 날개 둘레를 따라 긴 가는 털이 남

출사돌기 = 방적돌기

충영 蟲癭 insect gall
식물의 줄기, 잎, 뿌리 등에 곤충이 산란 기생하면서 생긴 이상 발육된 부분

충영형성 해충 蟲癭形成害蟲 gall-inducing insect
식물체에 산란 기생하면서 충영을 만드는 해충

충체 蟲體 worm body
곤충의 몸체

충태 蟲態 insect stages
곤충의 각 발생단계

치사율 致死率 lethality
어떤 원인에 대해서 전체 개체수에서 죽은 해충의 비율

치상돌기 齒狀突起 denticle, dens
이빨 형태의 돌기

침입공 侵入孔 entrance holes
천공성 해충이 외부에서 목재내부로 들어간 구멍

침입해충 侵入害蟲 alien insect
외국으로 부터 수입 혹은 유입되어온 해충

큰턱 大顎 mandible
대악, 곤충 입이 일부로 먹이를 물어 끊는 역할을 함

타락법 打落法 beating
수관부에 서식하는 곤충을 조사하기 수목을 쳐서 떨어지는 곤충을
조사하는 방법

탈출공 脫出孔 emergence holes
천공성 해충이 성충이 되어 목재 내에서 밖으로 나온 구멍

탈피 脫皮 ecdysis, molting
곤충이 성장 과정에서 오래된 외피를 벗는 것

탈피각 脫皮殼 exuvium
곤충이 탈피한 후에 남는 껍질

태생   胎生   viviparity
진딧물류의 일부에서 알을 낳지 않고 어미의 체내에서 알이 부화하여 나오는 것

토와, 흙집   土窩
잣나무넓적잎벌, 밤바구미, 도토리거위벌레 등의 곤충이 유충이 월동을 위해 땅 속에 만든 흙으로된 집

퇴절   腿節   femur
곤충다리의 제3절

페로몬 트랩   pheromone trap
성유인 물질을 이용하여 해충을 유인하여 구제하거나 밀도를 조사하기 위한 덫

포란수   胞卵數   number of eggs in the ovary
한 마리의 암컷 난소 속에 들어 있는 알의 수

포살   捕殺   catching and killing
손이나 간단한 기구를 이용하여 해충을 직접적으로 잡는 방법

포식성   捕食性   predacious
곤충이 다른 동물 또는 곤충을 잡아 먹는 것

포식성 응애   捕食性蜱   predatory mite
다른 응애류를 잡아먹는 응애류

포식성 천적   捕食性天敵   predatory natural enemy
해충을 잡아서 먹는 천적

포충망   捕蟲網   insect net, sweeping net
곤충을 채집하기 위하여 만들어진 망

피해엽   被害葉   damaged leaves
해충에 의해 피해가 발생한 잎

하구식   下口式   hypognathous
메뚜기와 같이 입에서 음식을 받아들이는 방향이 소화관이 놓인 몸의 방향과 직각인 방향으로 놓인 입의 형태

하늘소   longicorn beetles, long-horned beetles
딱정벌레목 하늘소과에 속하는 곤충의 총칭으로, 성충이 수피 아래에
산란하고 부화한 유충이 목질부를 가해함

하면   夏眠   aestivation
곤충이 여름철 또는 높은 온도가 계속되는 기간 동안이나 건조 기간 중에
휴면하는 것

항상성   恒常性   Homeostasis
정상적인 범위 내에서 안정하게 유지하려는 경향

해충   害蟲   injurious insect
인간의 생활에 직접 또는 간접적으로 해를 주는 곤충

해충종합관리   害蟲綜合管理   integrated pest management, IPM
종합적 해충관리

협식성   狹食性   stenophagy, oligophagy
기주 선택 범위가 좁은 성질

혹벌   gall wasp
벌목 혹벌과(Cynipidae) 곤충의 총칭으로, 유충이 식물체의 즙을 빨아먹기
시작하면 조직이 비대하여 혹을 형성함

혹응애   蟲癭蜱   eriophyid mite
식물체에 기생하면서 혹을 형성하는 응애류

혹파리   gall midge, cecidomyiid
식물의 표피를 가해하여 혹을 형성하는 파리류 해충

화학적방제   化學的防除   chemical control
화학물질을 이용하여 수목의 병해충 등을 방제하는 것

후구식   後口式   opisthognathous
노린재와 같이 입에서 음식을 받아들이는 방향이 소화관이 놓인 몸의
방향과 예각인 방향으로 놓인 입의 형태

후식   後食   adult feeding
하늘소와 같이 성충이 된 개체가 난성숙 기간 동안 섭식, 가해하는 것

후약충 後若蟲 deutonymph
응애류에서 전약충과 성충 사이의 단계

흙집 = 토와

흡즙성해충 吸汁性害蟲 sucking insect
식물체의 즙을 빨아먹어 피해를 주는 해충

제4장

수목병

가근 假根 rhizoid
기질을 향하여 뿌리처럼 자라는 짧고 얇은 균사

가수분해 加水分解 hydrolysis
물을 첨가하여 화합물을 효소작용으로 분해하는 것

가해체 加害體 pest
해충, 설치류, 병원균 등 식물에 해를 주는 유해생물

각피침입 角皮侵入 cuticular infection
병원체가 식물의 표면을 직접 뚫고 침입하는 감염

간상 桿狀 bacilliform
바실러스 같이 짧은 막대모양

감로 甘露 honeydew
진딧물, 가루깍지벌레, 깍지벌레, 온실가루이 등의 곤충이 분비하는
물질로서 당 성분을 가지고 있음

감수성 感受性 susceptibility
병원체의 감염 또는 다른 피해 요인에 저항성을 나타낼 수 있는 능력이
결핍되어 있는 것

감염 感染 infection
기생체가 기주식물에 정착하여 기생을 시작하는 것

강모 剛毛 seta (pl. setae)
자낭반의 주변이나 겉면에 있는 어두운 색의 빳빳한 균사

거대세포 巨大細胞 syncytium
하나의 세포벽으로 둘러싸여 있는 다핵의 커다란 원형질 덩어리

검, 검물질 gum
세포가 상처나 감염에 반응하여 만들어 내는 복잡한 다당물질

검물질 = 검

검역 檢疫 quarantine
병해충의 유입 및 유출을 막기 위한 수출입의 규제

검정   檢定   Indexing
검사하려는 식물체의 눈, 접수, 즙액 등을 병원체에 민감한 지표식물에
접종하여 병원체를 확인하는 방법

겨울포자   —胞子   teliospore
두꺼운 세포벽을 가진 녹병균이나 깜부기병균의 휴면포자로서 유성포자임

겨울포자퇴   —胞子堆   telium (pl. telia)
녹병균의 겨울포자가 만들어지는 포자형성 구조체 덩어리

격벽   隔壁   septum (pl. septa)
균사 또는 포자 사이에 있는 횡단벽

계면활성제   界面活性劑   surfactant
계면에 흡착되어 그 표면장력을 낮추는 물질

계통   系統   strain
순수배양으로 분리된 한 균의 자손, 또는 비슷한 균주들의 집단
(식물바이러스의 경우에는 분리주)으로서 공통된 항원들을 지니고 있음

고사, 말라죽음   枯死   dieback
신초 등 가지나 뿌리의 끝부분부터 빠르게 말라죽는 병

곰팡이   fungus (pl. fungi)
사상균, 버섯, 효모 등 진균류와 먼지곰팡이 등 변형균류를 모두 포함하는
미생물군

공생   共生   symbiosis
서로 다른 종의 생물 간에 도움을 주고받으며 사는 현상

과민성   過敏性   hypersensitivity
병원체에 대한 식물조직의 과민한 반응

과습돌기   過濕突起   edema, oedema
토양수분과다 및 제한된 증산작용 등 과습한 환경으로 인해 주로 다육성
잎의 뒷면이나 줄기에 생기는 작은 돌기

괴저   壞疽   necrosis
조직이나 세포가 죽거나 변색되는 현상

교차보호   交叉保護   cross protection
같은 종류의 바이러스에서 약독 계통의 바이러스에 감염된 식물조직이
강독 계통 바이러스의 감염으로부터 보호되는 현상

구낭   球囊   vesicle
유주포자낭이 만드는 구조물로서 풍선처럼 생겼으며, 여기에서 유주포자가
방출되거나 분화됨

구멍   shothole
병든 잎의 일부 조직이 떨어져 나가 작은 구멍이 생기는 증상

구침   口針   spear, stylet
선충과 일부 곤충이 양분섭취에 이용하는, 길고 가늘며 속이 비어있는 입의
구조물

구침전반   口針傳搬   stylet-borne
매개충의 구침을 통해 전반되는 바이러스로서 비순환형 바이러스라고도 함

국부병반   局部病斑   local lesion
바이러스의 기계적 접종에 의해 잎 조직이 부분적으로 감염되어 나타나는
반점

굴광성   屈光性   phototropism
빛 자극에 대해 반응하는 성질로서 빛 쪽으로 향하면 양의 주광성, 없는
쪽으로 향하면 음의 주광성임

굵은 줄무늬   streak
짧게 끊어지는 줄무늬로 주로 바이러스에 감염된 외떡잎식물의 잎에
나타남

궤양   潰瘍   canker
식물체의 줄기나 가지의 조직이 죽어서 만들어지는 괴저 병반

균근   菌根   mycorrhiza
식물체 뿌리와 곰팡이의 공생에 의해 만들어진 복합체

균독소   菌毒素   Mycotoxins
식물에 기생하고 있는 곰팡이가 생성하는 독성물질로서, 동물이나
사람에게 피해를 주거나 죽일 수 있음

균사, 팡이실   菌絲   hypha (pl. hyphae)
균사체의 분지된 가지 하나

균사융합   菌絲融合   anastomosis
균사끼리 융합하여 세포질이 연결되고 유전물질이 상호 교환되는 현상

균사체   菌絲體   mycelium (pl. mycelia)
곰팡이의 몸체를 구성하는 균사 또는 균사 덩어리

균사화합성   菌絲和合性   vegetative compatibility
같은 종의 곰팡이에서 각 균주의 균사끼리 융합할 수 있는 성질

균주, 분리주   菌株, 分離株   isolate
단포자로부터 증식된 계대배양체 또는 다른 시기에 채집된 각각의 병원체

균체   菌體   thallus
기관이 분화하지 않은 균사 덩어리

균핵   菌核   sclerotium (pl. sclerotia)
불리한 환경조건에서도 생존할 수 있는 단단한 표면을 가진 균사
덩어리로서 대개 어두운 색임

그을음병   sooty mold
진딧물, 가루깍지벌레, 깍지벌레, 온실가루이 등의 곤충이 분비하는
감로에서 생장하는 곰팡이의 검은 균사에 의해 잎이나 열매가 검게
뒤덮이는 병

급성병징 = 쇼크병징

기계적 전염, 기계적 접종   機械的 傳染, 接種
                              mechanical transmission or inoculation
건전한 식물에 미세한 상처를 낸 뒤 바이러스에 감염된 식물체의 즙액을
묻혀서 바이러스를 옮기는 방법

기계적 접종 = 기계적 전염

기는줄기   匍匐莖   stolon
땅 위를 기듯이 뻗어 나가는 줄기 또는 균사

기생, 기생성   寄生, 寄生性   parasitism
어떤 생물이 다른 생물의 체내 또는 체표에 서식함으로써 영양을 섭취하여
생활하는 현상

기생체   寄生體   parasite
살아 있는 다른 생물체(기주)의 내외에서 양분을 얻으며 살아가는 생물체

기주   寄住   host
기생체에 기생 당하여 양분을 빼앗기는 식물체

기주범위   寄主範圍   host range
기생체가 양분을 빼앗을 수 있는 기주식물의 종류들

길항작용   拮抗作用   antagonism
협력작용의 반대으로 한 생물이 다른 생물의 활동을 감소 또는
소멸시키거나 억제시키는 작용

깜부기병   smut
깜부기균에 의한 병으로서 검은 가루모양의 포자덩어리가 특징적이며,
때로 비린내가 나기도 함

끈적균류   slime molds
원생동물의 끈적균강으로 분류되는 유사균류

낙과   落果   abscission of fruit
열매가 떨어짐

낙엽   落葉   abscisstion of leaf
잎이 떨어짐

낙엽산, 아브시스산   落葉酸   abscisic acid (ABA)
이층의 형성을 촉진하는 식물호르몬

낙지   落枝   abscission of branch
가지가 떨어짐

낙화   落花   abscission of flower
꽃이 떨어짐

난포자　卵胞子　oospore
형태적으로 다른 두 개의 배우자낭(장란기, 장정기)의 결합에 의해
만들어지는 유성포자

내부기생체　內部寄生體　endoparasite
기주 내부로 침입하여 양분을 섭취하는 기생체

내생분생자병　內生分生子柄　endoconidiophore
내생분생포자를 만드는 분생자병

내생분생포자　內生分生胞子　endoconidium (pl. endoconidia)
영양균사 또는 분생포자병에서 내생적으로 만들어지는 분생포자

내생포자　內生胞子　endospore
내생적으로 만들어지는 포자

내성　耐性　tolerance
병원체에 감염되었거나 환경스트레스를 받아도 심한 피해 또는 큰 손실
없이 견디어 내는 기주의 능력

내세포작용, 세포내 섭취　內細胞作用, 細胞內 攝取　endocytosis
세포막을 이용하여 외부의 물질을 세포 안으로 감싸 들어오는 작용

노균병　露菌病　downy mildew
잎 뒷면, 줄기, 열매 등에 포자낭경과 포자가 만들어져 이슬 맺힌 듯 보이는
식물병으로서 노균병균과에 속하는 곰팡이가 일으킴

노화　老化　senescence
형태적, 기능적으로 성숙기에 도달한 각 조직이나 기관이 시간의 경과와
함께 비가역적인 퇴행성으로 그 형태를 변화시켜, 기능이 감퇴되어 가는
과정

녹병　rust
녹병균목 곰팡이에 의해 식물체에 녹슨 것처럼 나타나는 병해

녹색화 = 녹화

녹포자　pycniospore, aeciospore
녹병을 일으키는 곰팡이의 녹포자기에서 만들어진 이핵 포자

녹포자기   pycnium (pl. pycnia), aecium (pl. aecia)
깔때기 모양 비슷한 녹병균의 포자생산 기관이며, 여기에 녹포자가
사슬모양으로 생겨남

녹화, 녹색화   綠化, 綠色化   virescence
녹색이 아닌 조직에 엽록체가 발달되어 녹색이 되는 현상

누렁병, 황화병   黃化病   yellows
기주식물이 누렇게 되는 증상 또는 식물병으로서, 위축현상이
동반되기도 함

능동방어   能動防禦   active defense
병원체의 공격을 받은 식물체에서 유도되는 방어

다년성   多年性   polyetic
생활사 또는 병환을 완성하기에 몇 년이 걸리는 성질

다주기성   多周期性   polycyclic
1년에 여러 번의 생활사(병환)를 완성하는 성질

다클론항체   多클론抗體   polyclonal antibodies
많은 항원 결정기에 반응하는 다양한 항체의 혼합체

다형성   多形性   pleomorphic
다양한 형태를 가지고 있는

단위발생, 처녀발생   單位發生, 處女發生
　　　　　　　　　　　　parthenogenesis, parthenocarpy
자성생식세포가 웅성생식세포의 공급 없이 단독으로 발생하는 현상

단주기성   單周期性   monocyclic
한 생장기간 동안 한 번의 생활사를 가지는 성질

단클론항체   單클론抗體   monoclonal antibody
병원체의 항원결정기 중의 하나하고만 반응하는 한 클론의 림프톨
세포에서 형성되는 동일한 항체

단핵   單核   uninucleus
핵이 하나 밖에 없는

담자균 擔子菌   basidiomycete
유성생식의 결과 담자기에 담포자를 만드는 곰팡이들

담자기 擔子器   basidium (pl. basidia)
담포자가 만들어지는 곤봉 모양의 구조물

담포자 擔胞子   basidiospore
담자균류가 만드는 유성세대 포자로서 담자기에 만들어짐

대발생병 = 돌림병

더뎅이 瘡痂   scab
식물의 과일, 잎, 괴경 등이 다소 부풀어 오르거나 움푹 패이고 깨져 딱지 같은 모습을 나타내는 증상

독립영양생물 獨立營養生物   autotroph
자신이 필요로 하는 유기물을 스스로 합성하여 살아가는 생물

독성 毒性   toxicity
세포의 생리활동에 심각한 피해를 일으키는 능력

독소 毒素   toxin
생물이 생산하여 생물에 독성을 나타내는 화합물

돌기 突起   enation
바이러스가 감염하였을 때 만들어지는 조직의 기형 또는 과대생장

돌림병, 대발생병   epidemic
집단적인 병의 증가로서 보통 병이 널리 퍼지고 심하게 발생하는 것

돌연변이 突然變異   mutation
유전자나 염색체에 생긴 우연한 변화의 결과 개체에 새로운 특성이 갑작스럽게 나타나는 것

돌연변이원, 돌연변이유발원 突然變異原, 突然變異誘發原   mutagen
돌연변이를 일으키는 원인

동종기생균 同種寄生菌   autoecious fungus
한 종류의 기주에서 모든 생활사를 완성하는 기생성곰팡이

동체성곰팡이   同體性—   homothallic fungus
화합성이 있는 암, 수 배우자를 생리적으로 동일한 균사체에 형성하는
곰팡이

둥근점무늬   ringspot
가운데는 녹색을 띠고 바깥부분에 둥글고 누런 가락지(고리)무늬가
나타나는 병징

레이스   race
한 종 내의 유전적 또는 지리적으로 독특한 교배집단으로서, 특정 품종의
식물체를 감염하는 병원균 집단

로제트   rosette
질경이, 민들레 등과 같이 마디 사이가 매우 짧은 줄기에 방사상으로
다수의 잎이 난 생육형

루고우즈   rugose
잎 전면이 비뚤어지고 잎 가장자리가 줄어들어 기형잎이 되는 증상

리케치아   Rickettsiae
세균과 매우 유사하나 살아있는 기주세포에서만 증식하며 기생 또는
공생하는 미생물

마디사이 = 절간

마른얼룩 = 오반

마름   blight
잎, 꽃, 줄기 등이 빠르게 말라 들어가는 병

마이코플라스마   mycoplasma
세균과 비슷하나 세포벽이 없으며 다양한 모양을 가진 원핵생물

마이크로미터   micrometer
백만분의 1미터 또는 그러한 단위까지 측정할 수 있는 도구

마이크로어레이분석   microarray analysis
동시에 수천 개의 유전자 발현정도를 연구하기 위하여 사용하는 분자적
방법

만성병징   慢性病徵   chronic symptoms
오랜 시간에 걸쳐서 지속적으로 나타나는 병징

말라죽음 = 고사

매개자, 매개체   媒介者, 媒介體   vector
병원체를 이동시킬 수 있는 생물 또는 유전공학에서 외래 DNA조각을
세포로 도입시켜 주는 자가복제 DNA분자

맹아신초   萌芽新梢   blind shoot
정상적인 눈이 아니라 부정아 등에서 발달한 가지

머릿구멍   ostiole
자낭각과 분생포자각으로부터 포자가 빠져나오는 구멍처럼 열린 부분

멸균   滅菌   sterilization
열이나 화학물질 등으로 토양, 용기 등에 있는 병원체를 포함하여 살아있는
모든 생물을 제거하는 것

모자이크   mosaic
정상적인 색깔과 연한 녹색, 노란색 등이 혼합된 반점 병징으로, 주로
바이러스 감염 때문에 나타남

모잘록병, 잘록병   damping-off
어린 모의 땅가 부위가 괴저되어 잘록해지며 쓰러지는 병

무격벽   無隔壁   aseptate
균사나 포자에서 가로지르는 격벽이 없는 것

무름, 무름병   Soft rot
병원균의 효소에 의해 다육질 과실, 채소 또는 관상식물 조직이 무르고
썩는 증상

무름병 = 무름

무생물적 = 비생물적

무성생식   無性生殖   asexual reproduction
성이 다른 배우자끼리의 융합 또는 감수분열을 하지 않는 증식의 형태

무포자곰팡이　無胞子──　sterile fungus
포자를 전혀 형성하지 않는 곰팡이

물질대사　物質代謝　metabolism
세포나 생물체가 생명현상을 영위하기 위하여 물질을 분해 또는
합성하는 것

미라, 미이라　mummy
열매가 미라와 같이 말라서 쭈그러진 증상

미생물병원설　微生物病原設　germ theory
감염성 및 접촉성 전염병은 미생물이 일으킨다는 설

미이라 = 미라

바실러스　bacillus
막대 모양을 한 세균의 일종

바이러스　virus
핵산과 단백질로 구성된 초현미경적 절대기생체로서 완전한 생물은 아님

바이러스 검정　──檢定　virus index
검사하려는 바이러스를 민감한 지표식물에 접종하여 감염여부를 확인하는
방법

바이로이드　viroid
식물세포를 감염하여 스스로 복제하고 병을 일으킬 수 있는 크기가 작고
분자량이 작은 RNA

박테리오신　bacteriocin
특정 균주의 세균이 만들며, 같은 종 또는 비슷한 종의 다른 균주에 대해
살세균 활성이 있는 물질

박테리오파지, 파지　bacteriophage
세균에 기생하는 바이러스

반활물영양체　半活物營養體　hemibiotrophic
생활사의 특정 부분을 다른 생물체에 기생하며 살고 나머지 부분은
부생체로 살아가는 생물

발병력　發病力　virulence
병원체의 병원성 정도

발병억제토양　發病抑制土壤　suppressive soils
토양 내에 병원균의 길항미생물이 존재하여 병이 억제되는 토양

발아　發芽　germination
곰팡이의 포자나 식물의 가지, 뿌리의 싹이 생장을 시작하는 현상

발아관　發芽管　germ tube
곰팡이 포자가 발아할 때 만들어지는 초기 생장 균사체

방어돌기　防禦突起　papilla
곰팡이 공격을 받은 식물세포가 감염에 대항하기 위해 만든 세포벽의 돌기

배수체, 2n　倍數體　diploid
똑같은 유전자를 한 쌍씩 가지고 있는 것

배양기에서의　培養器—　*In vitro*
기주 밖에서 또는 배양기에서

변이성　變異性　variability
세대가 바뀜에 따라 생물의 특성 또는 능력이 변화하는 성질

변형체　變形體　plasmodium
많은 핵을 지니고 있는 점질의 원형질 덩어리

병　病　disease
병원체와 환경의 지속적인 자극에 의해 식물 세포와 조직의 기능 이상으로
부정적인 변화가 나타나는 현상

병반　病斑　lesion
병원체에 대한 식물 반응의 결과 식물 기관이나 조직에 만들어진 가시적
변화 부분

병원성　病原性　pathogenicity
병원체가 가지고 있는 병을 일으키는 능력

병원체　病原體　pathogen
병의 실질적이고 직접적인 원인이 되는 생물로서 주로 미생물임

병원학　病原學　etiology
병의 원인에 대한 연구

병원형　病原型　pathovar
일정 속이나 종의 식물만 감염할 수 있는 세균의 아종 또는 균주 집단

병자각　柄子殼　pycnidium (pl. pycnidia)
분생포자경이 내부에 일렬로 형성되어 분생포자가 만들어지는 구형 또는
플라스크 모양의 무성 자실체

병징　病徵　symptom
병원체에 대한 기주식물 반응의 결과로서 식물체 내외부에 나타나는 변화

병징은폐　病徵隱蔽　symptoms masking
바이러스에 감염된 식물에서 특정 광과 온도조건이 되면 병징이 사라지는
현상

병포자　柄胞子　pycnidiospore
병자각 안에서 만들어지는 분생포자

병환　病環　disease cycle
병원체의 발달단계와 병이 기주에 미치는 영향 등을 모두 포함하는
연속적인 병 발달과정

보독체　保毒體　symptomless carrier
바이러스에 감염되었지만 뚜렷한 병징을 나타내지 않는 식물

보르도액　Bordeaux mixture
황산구리와 생석회를 혼합하여 만든 최초의 살균제로서 작용범위가 넓음

보호제, 보호살균제　保護劑, 保護殺菌劑　protectant
병원체의 감염으로부터 기주식물을 보호하는 물질

봉입체　封入體　inclusion body
바이러스에 감염된 식물 세포 내에 만들어지는 구조물로서 현미경으로
관찰할 수 있음

부생체　腐生體　saprophyte
죽은 조직의 유기물을 영양원으로 이용하는 생물

부정　不定　adventitious
비정상적이고 불규칙적인 장소 또는 비정상적인 생육단계에서
만들어지는 것

부착기　附着器　appressorium (pl. appresoria)
기주식물에 부착하거나 침입하기 쉽도록 곰팡이의 균사나 발아관의
끝부분이 부풀고 납작해진 것

분리　分離　Isolation
병원체가 있는 기주조직을 영양배지에서 배양하여 기주로부터 병원체를
분리해 내는 것

분리주 = 균주

분생자, 분생포자　分生子, 分生胞子　conidium (pl. conidia)
분생자경 끝에 달려있는 곰팡이 포자로서 무성적으로 만들어짐

분생자병　分生子柄　conidiophore
분생자를 만들도록 분화된 균사로서 여기에 분생자들이 달림

분생자좌　分生子座　sporodochium
포자형성 구조의 일종으로, 균사덩어리와 분생포자경 집단이 함께
엉켜있음

분생자층　分生子層　acervulus (pl. acervuli)
접시모양으로 약간 튀어나와 쿠션같이 생긴 곰팡이의 자실체로서, 이 안에
분생자병, 분생포자 등이 있음

분생포자 = 분생자

분열법　分裂法　fission
한 개의 세포가 2개로 나누어지는 무성생식법

분화형　分化型　forma specialis
한 속 또는 종의 기주식물만 감염하는 병원균의 레이스 또는 생물분화형
그룹

불완전세대　不完全世代　anamorph, imperfect stage
곰팡이의 불완전 또는 무성세대

비기주저항성   非寄主抵抗性   non-host resistance
식물체가 병원체의 기주범위에 속하지 않아 병원체에 감염되지 않는 성질

비리온   virion
바이러스의 온전한 입자

비병원성   非病原性   avirulence
병원체가 유전적 저항성을 갖지 않는 식물 품종을 감염시킬 수 없는 성질

비생물적, 무생물적   非生物的, 無生物的   abiotic
살아있지 않은, 또는 무생물에 의해 발생되는

비전염성병   非傳染性病   noninfectious disease
병원체 이외의 온도, 습도, 토양 등 환경요인, 각종 대기오염물질 또는
생리적인 현상에 의해 수목에 나타나는 비정상적인 증상

빗자루   witches'-broom
부정아까지 모두 싹이 터서 가지가 밀생하여 빗자루 모양으로 생장하는
증상

사물영양체   死物營養體   necrotroph
죽은 생물 조직에서만 양분을 얻는 미생물

살균제   殺菌劑   fungicide
곰팡이에 독성이 있는 물질

살비제, 살응애제   殺蜱劑   acaricide, miticide
응애를 죽이거나 생장을 억제하는 화합물 또는 물리적 요인

살선충제   殺線蟲劑   nematicide
선충을 죽이거나 억제하는 물질 또는 재료

살세균제   殺細菌劑   bactericide
세균을 죽이는 화학물질

살응애제 = 살비제

살충제   殺蟲劑   insecticide
곤충을 죽이는 성분을 함유한 작물보호제

상구조직 = 유합조직, 유상조직

상리공생   相利共生   mutualism
두 종류의 생물체간에 서로 도움을 주고받는 현상

상승작용   相乘作用   synergism
한 생물체 또는 현상에 두 종의 생물이 동시에 작용하여 각각이 단독으로
작용하였을 때의 합보다 더 큰 결과를 나타내는 것

상처   傷處   wound
식물의 조직이나 세포가 파괴된 부분

상편생장   上偏生長   epinasty
잎의 윗면이 아랫면보다 더 빠르게 자라 굴곡이 생기는 증상

상해   傷害   injury
동물, 물리적, 또는 화학적 자극에 의한 식물 피해

생리레이스 = 생리형

생리형, 생리레이스   生理型   physiologic race
동종 내에서 영양요구성이나 병원성이 다른 등, 생리학적 특성이 달라
구분되는 집단

생명력 = 생력

생명력 = 활력

생물적 방제   生物的 防除   biological control
천적곤충, 천적미생물, 길항미생물 등의 생물적 수단을 사용하여 병해충을
구제하는 방제

생물형   生物型   biotype
일반적으로 한 가지 또는 소수의 새로운 특성에 의해 구분되는 종이나
레이스의 하위그룹으로서 무성생식에 의한 집단임

생장조절물질   生長調節物質   growth regulator
식물의 생장, 즉 세포의 신장, 분열, 활성화 등을 조절하는 물질

생장호르몬   growth hormone (GH)
식물의 생장을 조절하는 물질로서 합성된 장소로부터 다른 장소로
이동하여 기능을 발휘함

생체내   生體內   *in vivo*
생물체(기주) 내에서 이루어지는

생태계   生態界   ecosystem
어떤 공간 안의 생물군과 그들에 영향을 미치는 무기적 환경요인이 종합된
복합 체계

생태학   生態學   ecology
생물 상호간의 관계 및 생물과 환경과의 관계를 연구하여 밝혀내는 학문

생활사, 생활환   生活史, 生活環   life cycle
한 생명체의 출현으로부터 소멸 사이에 일어나는 그 생물의 생장과 발달
단계

생활환 = 생활사

선충   線蟲   nematode
물속이나 토양 내에서 부생적으로 생활하거나 식물 또는 동물에 기생하는
동물로 지렁이 모양임

선택적 투과성   選擇的 透過性   selective permeability
목적에 따라 선택적으로 투과시키는 성질

섬모   纖毛   cilium
짚신벌레 같은 원생동물의 세포 표면에 있는 짧은 털모양의 구조물로
운동기능을 가지고 있음

세균   細菌   bacterium (pl. bacteria)
뚜렷한 핵이 없는 원핵생물의 일종으로 세포벽을 가지고 있는
단세포생물이며 일부는 식물에 병을 일으킴

세포내 경로   細胞內經路   symplast
세포를 구성하는 원형질막의 내부

세포내 공생   細胞內 共生   endosymbiosis
한 생물체가 다른 생물체의 내부에 존재하면서 공생하는 것

세포내 섭취 = 내세포작용

세포벽 細胞壁 cell wall
세포의 가장 바깥에 존재하며 세포를 보호하고 모양을 유지하는
구조물로서, 식물, 세균, 곰팡이 등이 가지고 있음

세포사이, 세포간 細胞間 intercellular
세포와 세포사이의

세포안, 세포내 細胞內 intracellular
세포 내 또는 세포를 통하여

세포외경로 細胞外經路 apoplast
세포벽과 물관부의 통도세포를 구성하는 세포 원형질막의 바깥 부위

세포외 공생 細胞外 共生 exosymbiosis
한 생물체가 다른 생물체의 외부에 존재하면서 공생하는 것

세포외 배출 = 외세포작용

세포자살 細胞自殺 apoptosis
고도로 조절되고 에너지에 의존하는 세포괴사로서 동물에서는 흔하나
식물에서는 아주 드묾

소균핵 = 작은균핵

소독 = 위생

소독제 消毒劑 disinfestant
식물체의 기관이나 조직 등이 감염되지 않도록 깨끗하게 만들어 주는 물질

소루스, 포자낭군 胞子囊群 sorus (pl. sori)
치밀한 포자집단이나 포자형성구조체로서 특히 녹병균과 깜부기병균이 잘
만듦

소병 小柄 sterigma (pl. sterigmata)
담자기에 돌출되어 있는 가느다란 구조물로서 담자포자를 지탱하는 부분

소분생포자 = 작은분생포자

쇠퇴 衰退 decline
나무의 활력이 전반적으로 떨어지며 쇠약해져 감

쇼크병징 ─病徵   shock symptom
바이러스에 감염된 후의 첫 생장에서 나타나는 심한 괴저 병징으로
급성병징이라고도 함

수관 樹冠   crown
주간에서 갈라져 나온 줄기로부터 가지와 잎 모두를 포함하는 부분

수분포텐셜, 흡수력 吸水力   water potential
단위량의 수분이 갖는 잠재에너지

수직저항성 垂直抵抗性   vertical resistance
병원균의 특정 레이스에는 완전한 저항성을 나타내나 다른 레이스에는
감수성을 나타내는 저항성

수침상 水浸狀   water-soaked
물이 스며들어 젖은 듯한 증상

수평저항성 水平抵抗性   horizontal resistance
병원균의 모든 레이스에 대하여 동일한 효과를 나타내는 부분저항성

순화, 정제 純化, 精製   purification
다른 성분 없이 순수하게 바이러스 입자만을 분리하여 농축하는 것

스피로플라스마 spiroplasma
식물의 체관 내에만 존재하며 세포벽이 없는 다형성의 미생물로서 배양
중에는 나선상이 되기도 함

시들음, 위조 萎凋   wilt
수분 흡수량이 증산량에 미치지 못할 때 식물체가 팽압을 잃은 상태

시스트 cyst
곰팡이의 유주포자가 들어있는 주머니 또는 알이 들어있는 *Heterodera*속과
*Globodera*속 선충의 죽은 암컷 성충

식물독성 植物毒性   phytotoxic
식물체에 독성이 있는

식물병리학 植物病理學   phytopathology
식물병의 원인과 이치에 대하여 공부하는 학문으로, 일반적으로 방제까지
포함함

아뷰스클   arbuscule
균근곰팡이가 식물 뿌리 내에 형성하는 분지된 실타래 모양의 흡기

아브시스산 = 낙엽산

암종 = 혹

애벌레, 유충   幼蟲   juvenile
미성숙 선충을 뜻하는 것으로서, 선충의 생육단계 중 배와 성충 사이의 단계

얼룩   mottle
한 가지 색으로 되어야 할 조직이 두 가지 이상의 다른 색 또는 같은
색이라도 부분적인 농담의 차이로 인해 나타나는 증상

여름포자, 하포자   夏胞子   urediospore
녹병균이 만드는 전파포자로서 온습도 조건이 좋으면 여러 차례
반복적으로 발생하며 활발하게 전파됨

여름포자퇴, 하포자퇴   夏胞子堆   uredium (pl. uredia)
여름포자가 만들어지는 녹병균의 포자형성 구조체

역학, 전염병학   疫學, 傳染病學   epidemiology
전염성병의 발생과 전파에 영향을 미치는 요인들을 연구하는 학문

염색체   染色體   chromosome
진핵세포에서 유사분열 때 잘보이고 염기성 색소에 잘 염색되는 소체로서
유전정보들을 가지고 있음

엽맥녹대 = 잎맥띠

엽맥투명화 = 잎맥투명화

엽화, 잎화   葉化   phyllody
어린 가지와 꽃잎이 변형되어 잎 모양으로 발생하는 것

오반   汚班   blotch
일반적으로 크기나 모양이 일정치 않은 얼룩 또는 반점

오염   汚染   infestation
한 지역 또는 포장에 수많은 곤충, 응애, 선충 등이 있는. 또한 식물체 표면,
토양, 컨테이너, 도구 등에 세균, 곰팡이 등이 존재하는 것

오존   ozone (O₃)
산소 원자 3개로 이루어진 산소의 동소체로서 매우 불안정한 화합물

완전세대   完全世代   teleomorph, perfect stage
곰팡이의 유성세대 또는 완전세대

왜소 = 위축

외부기생체   外部寄生體   ectoparasite
기주의 외부에서 기주로부터 양분을 섭취하는 기생체

외생균근   外生菌根   ectomycorrhiza, ectotrophic mycorrhiza
균근의 일종으로, 곰팡이(균사)가 식물의 뿌리 세포내로 들어가지 않고
세포 밖에서 공생하는 것

외세포작용, 세포외 배출   外細胞作用, 細胞外 排出   exocytosis
세포막을 이용하여 세포 내부의 물질을 감싸 세포 밖으로 내보내는 작용

원생동물   原生動物   protozoa
원생동물계에 속하는 생물들로, 식물병원체로는 점균류, 무사마귀병균류,
편모충류 등이 포함됨

원핵생물   原核生物   prokaryote
세균이나 파이토플라스마 같이 막으로 둘러싸인 핵이 없이 유전물질이
세포질에 흩어져 있는 미생물

원형질   原形質   protoplasm
세포막의 안에 있는 모든 것을 총칭하는 용어로서 세포질과 핵질로
이루어짐

원형질막   原形質膜   plasmalemma
세포 내부를 채우고 있는 원형질의 가장 바깥쪽의 얇은 막

원형질분리   原形質分離   plasmolysis
세포액이 빠져나가 원형질막이 쭈그러 들어 세포벽으로부터 떨어지는 현상

원형질체   原形質體   protoplast
세포벽이 제거된 식물세포로서 내부에 세포막, 세포질, 핵 및
세포소기관들이 있음

월동 越冬 overwintering
휴면 등의 방법으로 생존에 부적당한 겨울을 나는 것

위생, 소독 衛生, 消毒 sanitation
감염된 식물체의 제거 및 소각과 도구, 장비, 손 등의 소독

위자낭각, 자낭포자좌 僞子囊殼, 子囊胞子座
pseudothecium, ascostroma
자낭이 자좌의 소방(강실)에서 직접 만들어지는 소방자낭균강의 자낭과

위조 = 시들음

위축, 왜소 萎縮, 矮小 dwarf
식물의 가지나 줄기 또는 잎이 못자라서 작아지는 현상

유도전신저항성, 전신유도저항성 誘導全身抵抗性, 全身誘導抵抗性
induced systemic resistance
근권미생물과의 공생에 의하여 식물체가 전신적으로 얻게 되는 병 저항성

유사균류 類似菌類 pseudofungi
점균류, 무사마귀병균류, 난균류 등에 대한 총칭으로 2000년대 이전엔
곰팡이로 분류되었었음

유상조직 = 유합조직, 상구조직

유전공학 遺傳工學 genetic engineering
다양한 조작 또는 작업(변형, 원형질융합 등)에 의해 세포의 유전적 조성을
변화시키는 것

유전자 遺傳子 gene
유전물질의 최소기능단위로서 하나 이상의 유전적 특징을 결정하거나
조절하는 염색체의 한 부분

유전자대유전자 이론 遺傳子對遺傳子理論 gene for gene theory
병원체에 병원성 유전자가 있으면 기주에는 그에 대응하는 저항성
유전자가 있다는 개념

유전자발현 遺傳子發現 gene expression
유전자 작용의 과정에 따라서 표현형이 발현하는 것

유전자변형생물　遺傳子變形生物
genetically modified organisms (GMOs)
기존의 생물체 속에 다른 생물체의 유전자를 끼워 넣음으로써 기존의
생물체에 존재하지 않던 새로운 성질을 갖도록 한 생물체

유전형　遺傳型　genotype
세포, 생물, 개체 등에서 발현된 유전적 특성

유주자　遊走子　zoospore
편모를 가지고 있어서 물속에서 이동할 수 있는 포자

유충 = 애벌레

유합조직, 유상조직, 상구조직　癒合組織, 癒傷組織, 傷口組織　callus
식물체에 상처를 치유하기 위하여 만드는 조직

이분법　二分法　binary fission
한 개의 세포가 균등분열하여 2개로 나누어지는 무성생식법

2분법, 2분열　二分法, 二分裂　binary fission
세균의 증식법으로, 세포벽이 안쪽으로 자라 들어가며 원형질을 양분하여
두 개의 세포로 나뉘는 것

2분열 = 2분법

이상생장　異常生長　hypertrophy
과도한 세포생장에 의한 식물체의 과다생장

이상증식　異常增殖　hyperplasia
과도한 세포분열에 의한 식물체의 과다생장

2n = 배수체

이종기생　異種寄生　heteroecious
일생을 완성하기 위하여 다른 2종류의 기주를 필요로 하는 생물로서
녹병균에서는 흔함

2차감염　二次感染　secondary infection
1차 또는 연속적인 감염의 결과에 따라 새로 만들어진 전염원, 즉
2차전염원에 의한 감염

2차전염원 二次傳染源 secondary inoculum
같은 생육기 동안 일어나는 감염에 의해 새로 만들어진 전염원

이체성 곰팡이 二體性菌 heterothallic fungus
화합성이 있는 암, 수 배우자를 생리적으로 별개인 균사체에 형성하는
곰팡이

이핵, 2핵 二核 binucleate, dikaryon
하나의 세포 안에 두 개의 핵을 가지고 있는 현상 또는 그 세포

2핵 = 이핵

일액현상 溢液現象 guttation
식물체의 배수 조직에서 수분이 물방울 형태로 배출되는 현상

1차감염 一次感染 primary infection
휴면에서 깨어난 병원체에 의한 그 생육기의 최초 감염

1차전염원 一次傳染源 primary inoculum
새로운 생육기가 되어 휴면에서 깨어난 병원체, 또는 1차감염을 일으키는
포자

임의기생체 任意寄生體 facultative parasite
대부분 부생적으로 살아가지만 기생체로 살 수 있는 능력도 가지고 있는
생물

잎가마름 scorch
부적당한 환경조건 또는 감염에 의해서 잎 가장자리가 탄 것처럼 마르는
증상

잎맥띠, 엽맥녹대 葉脈綠帶 vein banding
바이러스 감염에 의해 잎맥의 둘레가 다른 부분보다 뚜렷해져서 마치 띠를
두른 듯 보이는 증상

잎맥사이 葉脈間 intervein
잎맥과 잎맥 사이의 엽육조직

잎맥투명화, 엽맥투명화 葉脈透明化 vein clearing
바이러스 감염의 결과 잎맥이 다소 물에 젖은 듯 엽육조직보다 투명해
보이는 증상

잎화 = 엽화

자가수정 自家受精 self-fertilization
자웅동체 생물에서 자신의 자웅생식세포 사이에 수정이 일어나는 것

자낭 子囊 ascus
감수분열에 의해서 만들어진 자낭포자가 들어있는 주머니처럼 생긴
균사세포

자낭각 子囊殼 perithecium (pl. perithecia)
자낭각균강의 자낭과로서 둥글거나 플라스크 모양이며 머릿구멍이 있음

자낭과 子囊果 ascocarp
자낭반, 자낭구, 자낭각 등 자낭포자를 가지고 있는 구조물

자낭구 子囊球 cleistothecium
완전히 폐쇄된 공모양의 자낭과

자낭균 子囊菌 ascomycetes
유성포자(자낭포자)를 자낭 안에 만드는 곰팡이

자낭반 子囊盤 apothecium (pl. apothecia)
컵이나 접시꼴의 자낭 보관 장소

자낭포자 子囊胞子 ascospore
유성생식에 의해 자낭 내에 만들어지는 포자

자낭포자좌 = 위자낭각

자실체 子實體 fruiting body
곰팡이가 포자형성을 위해 만든 복잡한 구조체

자연도태 自然淘汰 natural selection
환경에 적응하지 못한 개체 또는 종이 사라지는 현상

자연선택 自然選擇 natural selection
환경에 적응한 개체 또는 종이 살아남게 되는 현상

자웅동체 雌雄同體 hermaphrodite
제대로 기능을 하는 암, 수 생식구조를 모두 가지고 있는 개체

자좌   子座   stroma (pl. stromata)
내부 또는 외부에서 포자가 형성되는 치밀한 균사체 구조

작은균핵, 소균핵   小菌核   microsclerotium (pl. microsclerotia)
크기가 아주 작은 균핵

작은분생포자, 소분생포자   小分生胞子
                    microconidium (pl. microconidia)
어떤 곰팡이가 크기가 다른 두 종류의 분생포자를 만들 때 작은 포자를
이름

잘록병 = 모잘록병

잠복기   潛伏期   incubation period
병원체의 기주 침입부터 기주에 병징이 처음으로 나타나는 시점까지의
기간

잠재감염   潛在感染   latent infection
기주가 병원체에 감염은 되어있으나 병징을 나타내지 않는 상태

잠재바이러스   潛在―   latent virus
기주를 감염은 하였으나 병징발달을 유도하지 않는 바이러스

잠재적   潛在的   latent
병원체에 감염되었으나 특별한 증상을 보이지 않는

장란기   藏卵器   oogonium
균사의 일단에 만들어지는 자성 배우자낭

장정기   藏精器   antheridium (pl. antheridia),
                    spermagonium (pl. spermagonia)
일부 곰팡이에서 만들어지는 웅성생식기관

저병원성   低病原性   hypovirulence
병원성이 매우 낮은 것을 의미하며, 이동성이 있는 dsRNA의 존재에 의해
나타나는 것이 대표적임

저항성   抵抗性   resistance
피해요인 또는 병원체의 영향을 완전히 또는 어느 정도 배제시키거나
극복할 수 있는 기주식물의 능력

전균사   前菌絲   promycelium
겨울포자가 만들어 내는 짧은 균사로서 담자기라고도 함

전령RNA   傳令RNA   messenger RNA (mRNA)
특정 단백질을 암호화하는 리보뉴클레오타이드 배열

전반   傳搬   transmission
병원체를 한 식물체에서 다른 식물체로 이동 또는 전파하는 것

전신적   全身的   systemic
병원체나 화학물질이 식물체 내부를 통하여 전체로 퍼지는 성질

전신획득저항성   全身獲得抵抗性   systemic acquired resistance
괴사병원체에 감염되어 전신적으로 활성화되는 저항성으로 살리실산과
병원성관련 단백질 수준이 증가됨

전염병학 = 역학

전염성병   傳染性病   infectious disease
병든 식물로부터 건전한 식물체로 퍼질 수 있는 병원체에 의한 병

전충체   塡充體   tylose
물관 또는 헛물관으로 과대생장해 들어간 유조직세포의 원형질체

절간, 마디사이   節間   internode
가지의 잎이 달려있는 부분과 그 다음 잎이 달려있는 부분 사이

절대기생체   絕對 寄生體   obligate parasite
자연상태에서 살아있는 생물체 또는 조직에만 기생하여 생장하고 증식하는
생물

점무늬병   斑点病   leaf spot
병원균의 감염에 의하여 초래되는 식물의 병의 일종으로, 잎에 점무늬가
나타나며 때로는 갈색으로 변하는 병

접종원   接種原   inoculum
감염을 일으킬 수 있는 병원체나 병원체의 일부분

접합   接合   conjugation
일종의 유성생식 과정으로 두 배우자의 융합 등을 포함하며, 세균에서는
세포와 세포의 직접 접촉에 의해 유전물질이 전해짐

접합포자   接合胞子   zygospore
접합균류에서 형태적으로 유사한 두 배우자의 접합으로 만들어진 유성포자
또는 휴면포자

정균   停菌   fungistatic
곰팡이가 죽지는 않지만 생장을 멈추는 현상

정단   頂端   apex
끝, 정단분열조직을 가지고 있는 줄기나 뿌리의 맨 끝

정단분열조직   頂端分裂組織   apical meristem
가지나 뿌리 등 각 조직의 가장 끝부분에 있는 분열조직

정자   精子   spermatium (pl. spermatia)
녹병균의 웅성 배우자 또는 배우자낭

정제 = 순화

제거   除去   eradication
병 발생 후에 병원체를 없애거나 병원체에 감염된 식물체를 없애서
식물병을 방제하는 것

제거제   除去劑   eradicant
병원체가 발생한 곳에서 병원체를 제거하는 물질

제초제   除草劑   herbicide
잡초를 선택적 혹은 비선택적으로 제거하는데 사용되는 약제

종   種   species
생물분류의 기본단위이며, 동식물 등 고등생물에서는 자연상태에서 교배가
이루어지는 집단으로 구분함

종분화   種分化   speciation
종 내의 집단 간에 유전자 교류가 중단되고 지리적, 생리적 격리가 일어나
새로운 종으로 나뉘는 것

종합적 방제　綜合的 防除　integrated pest management (IPM)
모든 방제수단을 이용하여 병해충 밀도를 경제적 피해 수준이하로 억제,
유지하는 방제법

주입　注入　injection
어떤 물질이나 성분을 세포나 조직으로 집어넣는 작업

줄기홈　stem-pitting
바이러스 병징의 일종으로 식물체의 줄기가 눌려 패인 듯한 증상

중간기주　中間寄主　alternate host
균이나 해충이 생활사를 완성하기 위하여 반드시 필요로 하는 두 종의 기주
중에서 중요도가 떨어지는 기주

중복기생체　重複寄生體　hyperparasite
다른 기생체에 기생하는 기생체

중합효소연쇄반응　重合酵素連鎖反應　polymerase chain reaction
DNA의 작은 조각(프라이머)을 이용하여 DNA 절편을 거의 무한하게
증폭하는 기술

증식형 바이러스　增殖型—　propagative virus
매개충의 몸 안에서 증식하는 바이러스

지렁이꼴　vermiform
가늘고 기다란 지렁이 모양

지의류　地衣類　lichen
곰팡이와 조류의 공생체로서 주로 나무껍질이나 바위 등에서
착생생활을 함

지표식물　指標植物　indicator plant
특정한 환경 속에서만 생존하여 그 식물의 생존상태로서 환경상태를
나타내는 식물 종 또는 식물 군락

처녀발생 = 단위발생

최고내열온도　最高耐熱溫度　thermal inactivation point (TIP)
어떤 병원체, 특히 바이러스가 불활성화 되는 최저 온도

측사 側絲 paraphysis
곰팡이 자실체 내에 존재하는 균사로서 불임성임

코르크 cork
수분과 가스가 통과하지 못하는 식물체 외부의 2차 조직으로서 때로는
상처나 감염에 반응하여 만들어지기도 함

코르크화
상처난 조직 등에서 세포가 코르크세포로 바뀌는 현상

큰분생포자, 거대분생포자 巨大分生胞子
macroconidium (pl. macroconidia)
어떤 곰팡이가 크기가 다른 두 종류의 분생포자를 만들 때 큰 포자를 이름

클론 clone
한 개체로부터 무성적으로 만들어진 개체들의 집단으로서 모든 개체가
유전적으로 동일한 특성을 가지고 있음

키틴 chitin
곤충, 갑각류, 절지류, 곰팡이, 일부 조류의 단단한 외벽을 만드는 물질로서
질소를 함유한 탄수화물복합체

탄저병 炭疽病 anthracnose
분생자층에 포자를 만드는 곰팡이에 의하여 나타나는 병으로서 제한된
부분에 괴저증상이 나타남

태양열 토양소독 太陽熱 土壤消毒 soil solarization
토양을 투명한 비닐로 덮어서 태양열이 토양온도를 높여 토양 내의
병원균을 감소시키거나 제거시키는 소독법

토양관주 土壤灌注 soil drenching
특정 약제 또는 비료를 물에 녹여 토양에 스며들도록 부어 주는 것

토양살포 土壤撒布 soil spraying
특정 약제 또는 비료를 분무기를 이용하여 토양표면에 분사하는 것

토양서식균 土壤棲息菌 soil inhabitant
토양 내에서 부생생활을 하며 오랫동안 생존 가능한 미생물

토양체류균   土壤滯留菌   soil transient
기주식물이 없으면 토양 내에서 오래 생존할 수 없는 기생균

파이토알렉신   phytoalexin
기생체와 접촉 또는 물리적 손상을 받은 기주 조직이 과민반응하여 만들어
낸 항균성 물질

파이토플라스마   phytoplasma
식물체를 감염시키는 몰리큐트의 일종이며 아직까지 인공배지 상에서
배양되지 않음

파지 = 박테리오파지

페놀화합물   phenolics
한 개 이상의 페놀고리를 가진 화합물들

펙틴분해효소   pectinase
펙틴을 분해하는 효소

편모   鞭毛   flagellum (pl. flagella)
세균 또는 유주포자에 달려있는 말총 모양의 운동기관

포자   胞子   spore
한 개 또는 여러 개의 세포로 구성된 곰팡이의 증식단위이며, 기능적으로는
식물의 종자와 비슷함

포자낭   胞子囊   sporangium (pl. sporangia)
무성포자를 담고 있는 용기 또는 주머니 같은 구조물이며, 때로는 하나의
포자 같이 작용함

포자낭군 = 소루스

포자낭병   胞子囊柄   sporangiophore
포자낭을 만들도록 특별히 분화된 균사

포자낭포자   胞子囊胞子   sporangiospore
포자낭에 형성되는 비운동성의 무성포자

포자체   胞子體   sporophyte
포자를 만들어 무성생식을 하는 세대의 생물체

표징   標徵   sign
병환부에 나타나는 병원체, 병원체의 일부, 또는 병원체의 산물 등으로
수목병 진단의 중요한 기준

표피융기   表皮隆起   pustule
포자가 표피 아래 부분에 형성되어 밖으로 밀고 나올 때 표피에 작은 털
모양으로 솟아오르듯 만들어지는 것

풍토병   風土病   endemic
예로부터 오랫동안 존재하고 있는 병

프리온   prion
뇌에 존재하는 단백질의 일종으로 이것에 변형이 생기면 광우병을
일으키기도 함

플라스미드   plasmid
일부 곰팡이나 세균에 존재하는 염색체 이외의 자가복제 원형 DNA

피목   皮目   lenticel
수목의 줄기나 뿌리에 외피조직이 만들어진 후 기공 대신에 만들어진 공기
통로 조직

PR단백질   —蛋白質   pathogenesis-related (PR) proteins
병원체 접종 후 빠른 시간 안에 세포 내에 만들어지는 단백질들로서,
병원체에 다소 독성이 있음

피해   被害   damage
생명이나 몸체 일부에 손해를 입는 것

하포자 = 여름포자

하포자퇴 = 여름포자퇴

한천   寒天   agar
질소원이 없는 탄수화물로 만들어진 젤라틴 모양의 혼합물로서 특정
홍조류로부터 얻으며, 미생물배양시 배지를 굳히기 위하여 사용

항생제   抗生劑   antibiotic
다른 미생물을 죽이거나 생육을 억제하는 화합물로서, 대개 미생물들이
생산함

해부학   解剖學   anatomy
형태학의 한 분야로서 식물의 내부 구조와 모양을 다룸

핵상   核相   ploidy
핵에 있어서 염색체 구성상태

현미경   顯微鏡   microscope
여러 개의 렌즈를 조합하여 아주 작은 물체까지 볼 수 있도록 확대해 주는
기기

혈청학   血淸學   serology
특이성이 높은 항원항체반응을 이용하여 항원 또는 항원을 갖고 있는
미생물을 검출하거나 동정하는 방법

호기성   好氣性   aerobic
공기 또는 산소가 존재하는 조건에서 자라거나 살 수 있는 성질

호르몬   hormone
생물체에서 합성되어 생장을 조절하는 물질로서 적은 양으로도 큰 효과를
내며, 합성되는 장소와 기능을 나타내는 장소가 다름

혹, 암종   瘤, 癌腫   tumor, gall
식물체의 구조 조직이 비대하여 나타나는 비정상적인 덩어리

홈이 패인   pitted
대개 바이러스에 감염된 식물의 가지 수피를 벗겨보면 길이방향으로
가느다란 홈이 파여 있는 것

화학요법   化學療法   chemotherapy
화학물질을 이용하여 식물병을 치료 또는 구제하는 방법

활력, 생명력   活力, 生命力   vitality, viability
식물이 정상적인 대사활동을 하며 튼튼하게 유지할 수 있는 능력

활물영양체   活物營養體   biotroph
살아 있는 세포로부터 영양을 섭취하여 살아가는 생물

황백화   黃白化   chlorosis
엽록소가 만들어지지 않거나 파괴되어 조직이 누렇거나 희게 변하는 현상

황화병, 누렁병 黃化病 yellows
기주식물이 누렇게 되는 증상 또는 식물병으로서, 위축현상이 동반되기도 함

획득저항성 獲得抵抗性 acquired resistance
미생물을 접종하거나 화학물질을 처리한 후에 활성화되는 식물체의 병
저항성

효소면역항체검정법 酵素免疫抗體檢定法
enzyme-linked immunosorbent assay (ELISA)
발색효소를표지한항체를이용하여항원또는병원체를검출하는일종의혈청학
적진단법

후벽포자 厚壁胞子 chlamydospre
곰팡이의 균사세포가 벽이 두꺼워지며 만들어진 구조물로서 휴면포자
비슷한 기능을 함

훈증 燻蒸 fumigation
병충해를 막기 위해 훈연제의 더운 연기를 쐬어서 소독하는 것

훈증제 燻蒸劑 fumigant
약제가 상온에서 쉽게 증발하여 가스 상태로 살균, 살충력을 가진 농약

휘발성 揮發性 volatility
기체 상태로 쉽게 바뀌어 대기 중으로 잘 날아가는 성질

휴면포자 休眠胞子 resting spore
세포벽이 두꺼운 유성 또는 무성포자로서, 만들어진 후 일정기간이
지나야만 발아하며, 극단적인 온습도에도 저항성임

흡기 吸器 haustorium (pl. haustoria)
기생곰팡이의 균사에 만들어진 뭉툭한 구조물로서, 기주로부터 양분을
흡수함

흡수력 = 수분포텐셜

흰가루병 powdery mildew
감염된 조직 표면이 곰팡이의 포자나 균사로 뒤덮여 하얗게 보이는 식물병

제 5 장

비기생

가뭄피해 = 한해, 건조피해

가지마름병, 지고병 枝枯病 die back
가지가 심하게 마르는 현상

강우량 降雨量 amount of rainfall
일정 지점에 내린 빗물의 누적높이(mm)

개재목 介在木 intermediate tree
수관급을 구분할 경우에 상층목에 속하나 주변의 나무들로부터 피압되어
생장이 기울어진 나무

개체변이 個體變異 individual variation
같은 종의 생물이 개체에 따라 형질이 다른 것

개체선발 個體選拔 individual selection
계통이나 기타의 유전정보 없이 단순히 표현형에 의해 많은 개체들을
선발하는 것

개화주기 開花週期 flowering periodicity, flowering cycle
꽃이 피는 주기

개화현상 開花現像 flowering phenomenon
유령목이 성목으로 되거나 여러 가지 개화촉진처리로 개화될 때의
상태이거나 또는 이미 형성된 꽃눈이 생장하여 열리는 현상

객토 客土 soil dressing
성질이 다른 토양을 표토에 섞어 넣어서 토지의 생산성을 높이는 작업

건생식물 乾生植物 xerophyte
소나무, 곰솔, 리기다소나무, 자작나무, 서어나무 등 건조한 지역에서 잘
생육하고 기능적으로 또는 형태적으로 내건성이 큰 식물

건조피해, 가뭄피해, 한해 旱害 drought injury
가뭄에 의한 피해

겨울볕뎀, 동계피소 冬季皮燒 winter sunscald
겨울철 남쪽 부위 햇빛을 받는 부위에서 해빙과 결빙을 반복하면서 형성층
조직이 피해를 받아 수피가 고사되는 현상

고온해 = 열해

관설   冠雪   crowned snow
나무의 가지나 잎에 내려 쌓인 눈

관설해   冠雪害   breakage by snow crowning
나무의 가지나 잎에 내려 쌓인 눈의 무게로 수간이 크게 휘어 줄기가
부러지거나 뿌리가 뽑히는 등의 치명적인 피해

궤양   潰瘍   canker
수피 또는 표피 조직이 괴사하여 조직이 움푹 꺼지고 때로는 내부가
드러나는 특징적 식물병 증상

급성피해   急性被害   acute injury
강한 자극에 의해 단시간 안에 식물에 피해가 나타나는 것

내건성   耐乾性   drought tolerance
건조한 환경에서도 생명을 유지하는 성질

내공해성   耐公害性   pollution resistance
공해의 피해에 대한 내성

내냉성   耐冷性   chilling resistance
0℃ 이상의 온도에서 일어나는 피해(냉해)에 대한 내성

내동성   耐凍性   freezing tolerance
0℃ 이하의 온도에서 주로 세포내 동결과 관련되어 일어나는 피해에 대한
내성

내습성   耐湿性   moisture resistant
토양수분 과다에 대한 내성

내염성   耐鹽性   salt tolerance
식물이 염분이 높은 환경에서 생육 또는 생존하는 성질

내한성   耐寒性   cold tolerance
추위를 잘 견디어내는 식물의 성질

냉해   冷害   chilling injury
주로 봄과 가을의 환절기에 0℃ 이상 혹은 전후의 저온에 의하여 받는 피해

늦서리, 만상 晩霜 late frost, spring frost
늦은 봄에 수목이 휴면을 타파하고 생장을 시작한 후 뒤늦게 닥친 저온으로 내리는 서리

단근 斷根 root pruning, root cut
세근의 발달을 촉진시키기 위해 뿌리를 자르는 시업

답압 = 흙다짐

대기오염 大氣汚染 air pollution
인위적 활동 또는 화산, 산불 등 자연현상으로 인해 사람과 동식물에 해로운 물질이 대기 중에 확산 또는 축적된 것

더뎅이, 창가 瘡痂 scab
식물의 과일, 잎, 괴경 등이 다소 부풀어오르거나 움푹 패이고 깨져 딱지같은 모습을 나타내는 증상

동계건조 冬季乾燥 winter drout, winter desiccation
뿌리가 얼었거나 겨울철 건조한 바람으로 수분이 손실되어 마르는 피해

동계피소 = 겨울볕뎀

동해 凍害 freezing injury
한 겨울 빙점 이하에서 나타나는 식물의 피해

로제트 rosette
마디사이가 매우 짧은 줄기에 방사상으로 다수의 잎이 난 모양

마름 blight
잎, 꽃, 줄기 등이 빠르게 말라 들어가는 병

만상 = 늦서리

모여나기 = 총생

묘포 苗圃 nursery
식물을 기르기 위한 경작지

반점병 = 점무늬병

방재림   防災林   disaster prevention forest
재해방지를 위해 조성된 산림(숲)으로, 수원함양림, 토사유출방지림,
방풍림, 방설림, 방화림 등이 있음

방풍림   防風林   windbreak forest, windbreak trees
농경지·과수원·목장·가옥 등을 강풍으로부터 보호하기 위하여 조성한 숲

볕뎀, 일소   日燒   sun scald
식물의 다육성 조직들이 강한 햇볕에 타서 만들어진 증상

복토, 흙덮음   覆土   soil covering
나무의 주간 둘레에 흙을 더 덮어 지면을 높이는 일

부후   腐朽   decay
조직이 분해되어 변질, 파괴되는 것

비감염성병 = 비전염성병

비전염성병, 비감염성병   非傳染性病, 非感染性病
noninfectious disease
병원체 이외의 온도, 습도, 토양 등 환경요인, 각종 대기오염물질 또는
생리적인 현상에 의해 수목에 나타나는 비정상적인 증상

상열   霜裂   frost crack
겨울철 줄기가 동결하는 과정에서 바깥쪽의 변재부가 안쪽부위보다 더
심하게 수축하면서 종축방향으로 갈라지는 현상

상주해 = 서릿발해

상풍   常風   constant wind
특정 시기에 비교적 일정한 방향과 속도로 부는 바람

상해 = 서리해

상혈   霜穴   frost pocket
바람이 불지 않은 맑은 밤에 복사냉각으로 발생한 찬 공기가 머무는 사면의
요지나 분지와 같은 곳

서리해, 상해 霜害 frost injury
초겨울에 나타나는 초상(첫서리)의 피해, 한겨울에 나타나는 동해, 초봄에
나타나는 만상(늦서리)의 피해를 총칭

서릿발해, 상주해 霜柱害 frost heaving
겨울철 서릿발로 인해 지표면이 어린 식물과 함께 솟아올랐다가 얼음이
녹으며 물만 아래로 내려가는 현상이 반복되어 어린 식물의 뿌리가 끊어져
쓰러지거나 건조 피해를 받는 현상

설해 雪害 snow damage
눈으로 인해 발생한 피해

성토 盛土 banking
현재의 지반 위에 흙을 덮는 것 또는 덮은 흙

수질오염 水質汚染 water pollution
물이 독성물질로 오염되는 일

습생식물 濕生植物 hygrophytes
연못가나 열대강우림처럼 공기나 토양이 항상 습윤한 장소에서 자라는
식물의 총칭

시들음, 위조 萎凋 wilt
수분 흡수량이 증산량에 미치지 못할 때 식물체가 팽압을 잃은 상태

심식 深植 deep planting
종자 또는 종묘 등을 깊이 심는 것

암종 = 혹

얼룩 mottle
한 가지 색으로 되어야 할 조직이 두 가지 이상의 다른 색 또는 같은
색이라도 부분적인 농담의 차이로 인해 나타나는 증상

열사 熱死 sun-scald
한 여름 태양열을 흡수한 지표면의 고온으로 인해 소목이나, 치수의
근부형성층 조직이 피해를 받아 고사하는 현상

열해, 고온해   熱害   heat injury
고온에 의하여 식물체가 피해를 입는 현상

엽소, 잎탐   葉燒   leaf scorch, leaf scald
햇볕에 의하여 잎의 일부가 화상을 입고 괴사하여 생긴 증상

오갈, 위축   萎縮   atrophy
식물의 잎이 병들고 말라서 오글쪼글하게 되는 현상

오존   ozone (O_3)
산소 원자 3개로 이루어진 산소의 동소체로서 매우 불안정한 화합물

왜화, 위축   矮化, 萎縮   dwarf
식물의 가지나 줄기 또는 잎이 못자라서 작아지는 현상

위연륜, 헛테, 헛나이테   僞年輪   false annual ring
같은 해에 정상적으로 생기는 연륜(나이테) 외에 생기는 연륜모양의 구조

위조 = 시들음

위축 = 오갈

위축 = 왜화

이른서리, 조상   早霜   early frost
가을의 생장휴면기에 들어가기 전에 내리는 서리

일소 = 볕뎀

잎탐 = 엽소

저온스트레스   low temperature stress
적정한 생육온도보다 저온이어서 받는 스트레스

절토   切土   cutting of soil
지형을 깎아내리거나 흙을 떼어내는 작업

점무늬병, 반점병   斑点病   leaf spot
병원균의 감염에 의하여 초래되는 식물의 병의 일종으로, 잎에 점무늬가
나타나며 때로는 갈색으로 변하는 병

조상 = 이른서리

지고병 = 가지마름병

질소산화물   窒素酸化物   nitrogen oxides (Nox)
질소와 산소로 이루어진 화합물의 총칭

창가 = 더뎅이

총생, 모여나기   叢生   fasciculate
잎차례에서 마디와 마디 사이가 아주 짧아서 한 자리에서 나온 것처럼
보이는 증상

토양오염   土壤汚染   soil pollution
산업활동에 의하여 배출되는 유해물질이 토양에 축적되는 것

편심생장   偏倚生長   eccentric growth
줄기나 가지의 형성층의 분열이 불균형하게 이루어져 결과적으로
연륜(나이테)의 중심이 한쪽으로 치우치며 자라는 것

표징   標徵   sign
병환부에 나타나는 병원체, 병원체의 일부 또는 병원체의 산물 등

풍해   風害   wind damage
바람에 의한 물리적, 기계적, 생리적 피해

피소   皮燒   bark scald
대개 수피가 얇은 나무줄기의 서쪽 또는 서남쪽 면이 직사광선으로 인해
수피 내 온도가 올라가 수분이 증발하고 형성층조직이 죽는 것

한해   寒害   cold damage, cold injury
0℃ 이상의 온도에서 일어나는 냉해와 0℃ 이하의 온도에서 얼음 결정에
의해 일어나는 동해를 통틀어 부르는 용어

한해 = 건조피해, 가뭄피해

헛나이테 = 위연륜, 헛테

헛테 = 위연륜, 헛나이테

혹, 암종   癌腫   gall, tumor
세포 또는 조직의 증식이 조절되지 않고 과대 생장하여 나타나는 증상

황산화물　黃酸化物　sulphur oxides (SOx)
이산화황, 황산, 황산구리와 같은 황산염 등 황(S)과 산소와의 화합물의 총칭

황화, 누렁　黃化　chlorosis
엽록소가 형성되지 않아 엽록체 발달이 없어지고 색이 누렇게 되는 현상

흙다짐, 답압　土壤踏壓　soil compaction
토양이 압축되어 토양의 공극률이 작아지는 것

흙덮음 = 복토

제 6 장

토양뿌리

가는모래 = 세사

가용성　可溶性　soluble
물이나 액체 등에 잘 녹는 성질

강수　降水　precipitation
대기 중의 수분이 물방울(또는 얼음 결정)로 되어 땅으로 떨어지는 것

강수차단　降水遮斷　precipitation interception
멀칭, 식생피복, 식물잔재 등의 물리적 장벽에 의하여 강수를 차단하거나
일시적으로 보류하는 것

객토　客土　soil dressing
성질이 다른 토양을 표토에 섞어 넣어서 토지의 생산성을 높이는 작업

건조　乾燥　drought
수분이 없거나 모자란 상태

결합수　結合水　combined water
토양이나 생체 구성물 등에 화학적으로 결합되어 있어서 쉽게 제거할 수
없는 물

경사　傾斜　slope
수평면을 기준으로 한 지각 표면의 기울기

경운　耕耘　tillage
토양을 교반 또는 반전하여 부드럽게 하고 흙덩이를 작게 부수며 공극률을
높이는 작업

곁뿌리, 측근　側根　lateral root
원뿌리에서 옆으로 가지를 쳐서 갈라져 나온 작은 뿌리

고상　固相　solid phase
토양을 구성하는 고체상태 물질 부분으로 광물질 입자와 유기물 입자 부분

고운모래 = 미사

고토비료 = 마그네슘비료

고형비료　固形肥料　solid fertilizer
알갱이, 덩어리, 막대 등 고체 상태로 만든 비료

공극   孔隙   pore, void
토양 입자 사이의 틈

공극률   孔隙率   porosity
토양부피(입자부피＋공극부피)에 대한 모든 공극의 비율

공기뿌리, 기근   氣根   knee root, aerial root
땅속에 있지 않고 공기 중에 뻗어 나와 기능을 수행하는 뿌리

공생   共生   symbiosis
서로 다른 종의 생물 간에 도움을 주고받으며 사는 현상

공생균   共生菌   symbiosis fungi
다른 생물체와 도움을 주고받으며 사는 진균

과습   過濕   wet
토양 공극 사이에 물분자가 항상 포화되어 있는 상태

관비   灌肥   fertigation
시비(fertilization)와 관개(irrigation)의 합성어로 나무 영양분을 관개수에
섞어서 주는 방법

관수   灌水   watering
수목의 생육과 성장을 위한 물을 공급하는 것

관주   灌注   drench
토양에 구멍을 파서 물 또는 약액을 주입하는 방법

교질, 콜로이드   膠質   colloid
액체에 녹지 않고 작은 입자상태로 분산되어 있는 것

교질성입단 = 콜로이드성입단

구비   廐肥   manure
가축의 배설물과 축사에 까는 짚 등의 재료를 퇴적, 발효시켜 만든 유기질 비료

규산질비료   硅酸質肥料   silicate fertilizer
가용성 규산을 함유하는 비료

균근   菌根   mycorrhizae
식물체 뿌리와 곰팡이의 공생에 의해 만들어진 복합체

균근곰팡이 = 균근균

균근균, 균근곰팡이   菌根菌   mycorrhizal fungi
균근을형성하는곰팡이

근계   根系   root system
식물 지하부에 뿌리가 형성하는 공간적 구조계

근관 = 뿌리골무

근괴 = 뿌리분

근권   根圈   rhizosphere
식물뿌리의 생리작용에 영향을 받는 토양권역

근권미생물   根圈微生物   rhizosphere microorganism
식물뿌리의 내부나 표면, 또는 주변에서 뿌리의 영향을 직·간접으로 받거나 또는 주면서 서식하는 미생물

근모 = 뿌리털

근부 = 뿌리썩음

기근 = 공기뿌리

기상   氣相   gaseous phase
토양을 구성하는 성분 중 기체 형태로 존재하는 부분

길항작용   拮抗作用   antagonism
한 생물이 다른 생물의 활동을 감소 또는 소멸시키거나 억제시키는 작용

내건성   耐乾性   drought tolerance
식물이 건조한 환경에서도 생명을 유지하는 성질

내염성   耐鹽性   salt tolerance
식물이 염분이 높은 환경에서 생육 또는 생존하는 성질

녹비, 풋거름   綠肥   green manure
생풀이나 생나무 잎으로 만들어 충분히 썩지 않은 비료

농약잔류   農藥殘留   pesticides residue
식물의 병·해충방제 또는 제초 등을 위하여 사용된 농약의 성분이 식물 또는 토양에 남아있는 것

능동적 흡수 能動的吸水 active absorption
뿌리가 에너지를 사용해 가며 농도구배를 거슬러 흙속의 무기염을
흡수하는 것

다공호스관수 多孔―灌漑 oozing irrigation, perforate irrigation
작은 구멍이 많이 뚫린 호스를 적당한 간격으로 지표 위에 설치하여
구멍으로부터 물이 나와 스며들도록 하는 방법

다량원소 多量元素 macronutrient, major element
식물이 생장하기 위하여 많은 양을 필요로 하는 수소(H), 탄소(C), 산소(O),
질소(N), 인(P), 칼륨(K), 칼슘(Ca), 마그네슘(Mg), 황(S)의 9원소

단근 = 뿌리끊기

단립구조 單粒構造 single-grained structure
토양을 이루는 입자들이 덩어리를 이루지 않고 개개로 흩어져 있는 상태

답압, 흙다져짐 土壤踏壓 soil compaction
토양이 압축되어 토양의 공극률이 작아지는 것

대공극 大孔隙 macropore
토양의 공극 중 모세관 공극을 제외한 공극으로 과잉수가 배제될 수 있는
통기성 공극

대상시비 = 줄시비

떼알, 입단 粒團 aggregate
토양에서 알갱이들이 모여 있는 덩어리로 주위의 입자보다 강하게
결합하여 쉽게 분리되지 않는 1차 입자의 집합체

떼알화 = 입단화

마그네슘비료, 고토비료 苦土肥料 magnesium fertilizer
Mg 성분이 많이 함유된 비료

멀칭 = 피복

명거배수 明渠排水 open drainage
지표면으로 도랑을 파서 물이 빠지게 만드는 것

모관수 = 모세관수

모래   砂   sand
지름이 0.05~2mm 인 토양 무기질 입자

모세관공극   毛細管孔隙   capillary pore
토양의 공극 중에서 모세관 작용으로 물을 보유할 수 있는 작은 공극

모세관수, 모관수   毛細管水   capillary water
모세관 현상에 의해 토양의 작은 공극에 보유되는 물

모세관현상   毛細管現象   capillary phenomenon
액체에 가느다란 관을 넣었을 때 관 내부의 액체 표면이 외부의 표면보다
높거나 낮아지는 현상

모암   母岩   parent rock
토양 모재의 원료로서 풍화를 받지 않는 암석

무기성분   無機成分   inorganic component
탄소를 포함하지 않는 화합물 또는 탄소가 있어도 분자량이 매우 작은
화합물

무기양분   無機養分   mineral nutrient or element
토양 중에 존재하는 무기염류 가운데 식물의 필수요소로서 양분이 되는
염류

무기질비료   無機質肥料   inorganic fertilizer
무기화합물로 구성된 화학비료

물리적 흡착   物理的 吸着   physical adsorption
극성의 물분자와 같은 비이온성 물질이 점토나 다른 고체표면에 흡착되는
과정

미량양분비료 = 미량요소비료

미량요소 = 미량원소

미량요소비료, 미량양분비료   微量要素肥料(微量養分肥料)
                                micronutrient fertilizer
식물의 미량원소인 망간, 아연, 구리, 몰리브덴, 철, 붕소 등으로 이루어진
비료

미량원소, 미량요소 微量元素 micronutrient, trace element
식물의 생존에 필수적인 원소 중에서 요구량이 매우 적은 원소로 철(Fe),
망간(Mn), 붕소(B), 구리(Cu), 몰리브덴(Mo), 염소(Cl) 및 아연(Zn) 등이
있음

미사, 고운모래 微沙 silt
토양 무기광물의 입자 중 직경이 0.02~0.002mm (국제토양학회법) 또는
0.05~0.002mm (미국 농무성법)인 것

미사질식양토 微沙質埴壤土 silt clay loam
모래 20% 미만, 점토 27~40%인 토양

미사질양토 微沙質壤土 silt loam
50% 이상의 미사와 12~27%의 점토를 포함하거나, 50~80%의 미사와 12%
미만의 점토를 포함하는 토양

미생물비료 微生物肥料 microbial fertilizer
식물의 생육을 증진시키는 미생물을 이용한 비료

미생물자재 微生物資材 microbial material
미생물을 원료로 하여 만든 수목건강관리 자재

미세공극 微細孔隙 micropore
토양의 공극 중 모세관 공극을 포함하는 작은 공극

박피 剝皮 barking
가지, 줄기, 뿌리 등에서 수피를 제거하는 것

발근 發根 rooting
뿌리가 나옴

발근촉진제 發根促進劑 rooting promoter, rooting-accelerator,
rooting stimulant
뿌리 발생을 촉진하고 생리적 활력도를 높이기 위해 토양에 처리하는
영양물질

배수 排水 drainage
식물의 정상적인 생육을 위하여 과다한 수분을 제거하는 것

배수불량   排水不良   poor drainage
여러 원인에 의하여 물 빠짐이 나쁜 상태

버미큘라이트 = 질석

보습제   保濕劑   wetting agent
수분을 함유하고 있다가 주변의 수분함량이 낮아지면 보유하고 있는
수분을 주변으로 방출하는 물질

복토, 흙덮음   覆土   soil covering
식물의 뿌리 생육공간에 흙을 덮는 행위

복합비료   複合肥料   compound fertilizer
질소, 인산, 칼리 중 2종 이상의 성분이 함유된 비료

부산물비료   副産物肥料   byproduct fertilizer
토양효소, 토양활성제 등을 이용하여 사람의 분뇨, 음식물류 폐기물 등
각종 부산물로 만든 비료

부생균   腐生菌   saprophyte, necrotrophs
살아있는 생물이 아니라 죽은 시체 등 유기물로부터 영양을 섭취하는 균

부숙퇴비   腐熟堆肥   decomposed manure
천연유기물을 완전히 발효시켜서 만든 비료

부식산   腐植酸   humic acid
토양 부식을 용매에 대한 용해성을 기준으로 분류했을 때 알칼리나
중성염용액에 의해 추출되지만 다시 산을 처리하면 침전되는 암색의
유기물질

부식질   腐植質   humus
토양유기물이 변하여 형성된 화학적으로 안정한 고분자량의 물질

부식층   腐植層   humic layer
유기물이 완전히 분해되어 본래의 형상을 구분하기 어려운 상태의 층위

부정근   不定根   adventitious root
줄기에서 2차적으로 발생하는 뿌리

부착력   附着力   adhesion
물과 토양입자와 같이 서로 성질이 다른 두 물질의 접촉면에 작용하는
분자간 인력

분산   分散   dispersion
토양입자가 균일하게 흩어져 안정되어 있는 상태

불용성   不溶性   insoluble
용매에 잘 녹지 않는 성질

불투수성   不透水性   impervious
물 또는 뿌리의 침투가 어려운 토양 상태 또는 성질

비료   肥料   fertilizer
토지를 기름지게 하고 초목의 생육을 촉진시키는 것의 총칭

비료3요소   肥料三要素   three major nutrients
생육에 필요한 필수원소 중에서 식물이 가장 많은 양을 필요로 하는
세 가지. 질소(N), 인(P), 칼륨(K)

비료주기, 시비   施肥   fertilization, fertilizer application
식물에 인위적으로 비료성분을 공급하여 주는 일

비료주입   肥料注入   fertilizer injection
비료를 토양 내에 직접 집어넣는 시비방법

뿌리골무, 근관   根管   rootcap
근단을 구성하는 뿌리의 정단분열조직에서 바깥쪽을 향하여 증식하는
유조직으로서 뿌리 끝을 둘러싸고 있음

뿌리끊기, 단근   斷根   root pruning, root cut
뿌리를 절단해서 잔뿌리의 발생을 유도하거나 이식 등을 위해 뿌리를
잘라내는 행위

뿌리분, 근괴   根塊   earth ball
수목을 옮겨 심을 때 뿌리의 부분을 어느 정도의 크기를 가진 반구형으로
만든 흙을 포함한 뿌리덩어리

뿌리분비물   根分泌物   root exudate
살아있는 식물의 뿌리가 주변 토양으로 배출하는 각종 유기물

뿌리수술 根手術 root surgery
뿌리상처발생과 뿌리기능이 저하되고 토양환경이상으로 뿌리가 쇠약한
경우에 대한 치료방법으로, 토양제거, 뿌리조사, 뿌리박피, 단근처리,
토양소독, 발근제처리, 유합조직형성촉진제처리, 토양개량,
유공관(숨틀)설치, 자갈넣기 등 다양함

뿌리썩음, 근부 根腐 root rot
뿌리의 일부 또는 전부가 분해되거나 썩는 증상

뿌리조임, 휘감는 뿌리 root girdling
한 뿌리가 나무 밑동 주변을 휘감으면서 자라, 다른 뿌리를 조이는 현상

뿌리털, 근모 根毛 root hair
뿌리 끝의 표피 세포가 변하여 바깥쪽으로 자라 나와서 만들어진, 수분을
흡수하는 얇고 가는 털

뿌리혹 根瘤 root nodule
방선균이나 박테리아가 뿌리에 침입하여 세포를 비대생장 또는
이상증식시켜 만들어진 덩어리

사암 砂岩 sandstone
모래가 고결된 암석

사질식양토 沙質埴壤土 sandy clay loam
모래 45% 이상, 미사 28%이하, 점토 20~35%인 토양

사질식토 砂質埴土 sandyclay
모래 45% 이상, 미사 20% 미만, 점토 35% 이상인 토양

사질양토 沙質壤土 sandy loam
모래 43~52%, 미사 50% 미만, 점토 20% 미만인 토양

사토 砂土 sand
모래85%이상, 점토 10% 이하인 토양

산림토양 山林土壤 forest soil
숲을 이루고 있는 곳의 토양

산사태 山沙汰 landslide
폭우나 지진, 화산 따위로 산 중턱의 바윗돌이나 흙이 갑자기 무너져
내리는 현상

산성비료 酸性肥料 acidic fertilizer
물에 녹았을 때 산성을 나타내는 비료

산성토양 酸性土壤 acid soil
토양용액의 반응이 pH 7보다 낮은 토양

산성화 酸性化 acidification
물에 해리되었을 때 수소 이온이 증가하여 산도가 높아지는
(pH가 낮아지는) 현상

삼투 滲透 osmosis
물질이 막을 지나서 확산하는 현상

삼투압 滲透壓 osmosis pressure
물질의 농도 차에 따른 삼투현상에 의해 나타나는 압력

삼투포텐셜 滲透— osmotic potential
토양용액 중에 존재하는 용질에 기인하는 수분포텐셜

상구조직 = 유합조직, 유상조직

생물교란 生物攪亂 bioturbation
지렁이, 두더지 등 토양생물의 활동으로 토양 내 구멍이나 틈이 생기는
토양물질의 물리적 교란현상

생물상 生物相 biota
일정 범위에서 살아가고 있는 모든 생물적 요소

생물적 질소고정 生物的 窒素固定 biological nitrogen fixation
공기 중의 분자상 질소(N_2)가 질소고정생물에 의하여 질소화합물로
전환되는 반응

생물적 탈질작용 生物的脫窒作用 biological denitrification
혐기적 조건 하에서 미생물이 질산태 또는 아질산태 질소를 전자수용체로
이용하면서 N_2 또는 N_2O를 생성하여 대기 중으로 방출하는 과정

생물적 토양복원   生物的 土壤復元
bioremediation of soil, soil bioremediation
생물을 이용하여 토양의 오염물질을 제거하는 방법으로 경제적, 효율적,
그리고 자연적 방법이라는 면에서 유리함

생석회   生石灰   quick lime
석회석을 고온에서 연소시켜 제조한 산화칼슘

석력   石礫   cobble stone
토양입자 중 직경 2mm 이상의 암석편 또는 광물 입자

석회암   石灰岩   limestone
탄산암 중 탄산칼슘을 50% 이상 함유하는 퇴적암의 총칭

석회요구량   石灰所要量   lime requirement
토양의 pH를 일정 수준으로 중화시키는데 필요한 석회의 양을 탄산칼슘
($CaCO_3$)으로 환산하여 나타낸 값

석회질비료   石灰質肥料   calcium fertilizer
토양의 산성을 중화시키기 위하여 사용하는 칼슘과 마그네슘의 산화물이나
수산화물, 탄산염을 포함하는 물질

석회질토양   石灰質土壤   calcareous soil
충분한 양의 탄산칼슘($CaCO_3$)을 가지고 있어 묽은 염산을 가하면 눈에
보이는 거품반응을 일으키는 토양

섬유질   纖維質   fibers
토양유기물 중 생뿌리를 제외한 식물조직의 조각

성숙토   成熟土   maturesoil
자연적인 토양형성작용을 받아 토양층위가 발달되고 주변 기후나 식생
등의 환경과 평형상태에 도달한 토양

성토   盛土   banking
현재의 지반 위에 흙을 덮는 것 또는 덮은 흙

세근 = 잔뿌리

세사, 가는모래   細砂   fine sand
토양 입자의 직경이 0.20~0.02mm (국제토양학회법) 또는 0.10~0.25mm
(미국 농무성법)인 모래

소석회   消石灰   hydrated lime
생석회(CaO)가 물과 반응·소화되어 생긴 수산화물[Ca(OH)$_2$]

소수성   疏水性   hydrophobic
물과의 친화력이 적어 자기들 끼리 잘 응집되는 성질

소수성 콜로이드   hydrophobic colloid
물과의 친화력이 약한 콜로이드

속효성 비료   速效性肥料   quick acting fertilizer
물에 잘 녹아 식물이 쉽게 흡수할 수 있는 양분형태의 비료

수동적 이동   受動的 移動   passive transport
도관을 통하여 뿌리에서 지상부로 집단유동(mass flow)에 의한 양분의
원거리 이동

수동적 흡수   受動的 吸收   passive absorption
뿌리에서 에너지의 소모 없이 확산에 의해서 일어나는 흡수

수분함량   水分含量   water content
포함되어 있는 수분의 비율

수용성   水溶性   water soluble
물에 녹는(용해되는) 성질

습지   濕地   wetland
물이 고여 있는 지역

습해   濕害   excess moisture injury, wet injury
토양의 과습에 의한 수목의 피해

시비 = 비료주기

시비기준량   施肥基準量   fertilizer recommendation rate
각종 시험 · 연구를 통하여 식물에 대한 비종, 시비량, 비료배합비율 등을
표준화한 것

시비법　施肥法　method of fertilizer application
비료를 시용하는 방법

시비효율　施肥效率　fertilizer efficiency
시비된 비료성분이 식물에 흡수·이용되는 비율

식물생육촉진근권세균　植物生育促進根圈細菌
plant growth promoting rhizobacteria (PGPR)
식물생육에 이로운 효과를 주는 근권세균

식양토　埴壤土　clay loam
모래 28%, 미사 37%, 점토가 35% 내외인 토양

식질　埴質　clayey
진흙성. 점토 함량 35% 이상, 자갈 함량 35% 미만인 토양

식토　埴土　clay
모래45%이하, 미사 40% 이하, 점토 40% 이상인 토양

심근성　深根性　deep rooting
뿌리를 비교적 땅속 깊이까지 뻗어 내리며 자라는 성질

심식　深植　deep planting
종자 또는 종묘 등을 깊이 심는 것

심토　心土　subsoil
표토에 대비되는 용어이며, 표토 밑에 위치하는 토양

심토파쇄　心土耕耘　subsoiling
기계적인 작업이나 물리적인 처리를 통하여 지층을 개량하는 방법

안식각　安息角　angle of repose
경사면에서 부슬부슬하며 응집력이 없는 물질이 미끄러지지 않고 머무를 수 있는 경사면의 최대 기울기

알칼리성비료 = 염기성비료

알칼리성토양, 염기성토양　鹽基性土壤　alkaline soil
토양반응이 알칼리성(pH7 이상)인 토양

알칼리화작용 alkalization
토양의 점토와 같은 콜로이드 물질에 Na^+이 흡착되어 염기성이 되는 작용

암거배수 暗渠排水 tile drainage
지하에 관을 매설하여 지중의 물을 제거하는 배수방식

암모늄태질소 ammonium nitrogen
질소의 각종 화합물 중 암모니아 또는 암모늄염으로 존재하는 질소

액비, 액상비료 液肥, 液狀肥料 liquid fertilizer, fluid fertilizer
액체상태의 비료

액상비료 = 액비

약건 弱乾 under drying
수분 경향성에서 건조과 적습(적윤)의 중간 수준

약습 弱濕 semi-wet
수분 경향성에서 적습과 과습의 중간 수준

양분 養分 nutrient
식물의 생장에 필수적이며, 토양 내 원소나 화합물로서 존재하는 것

양분결핍 養分欠乏 nutrient deficiency
토양문제 등으로 인하여 식물이 필요로 하는 특정 또는 다수의 영양원을
충분히 획득치 못하는 것

양분길항작용 養分拮抗作用 nutrient antagonism
어떤 양분이 다른 양분의 흡수를 억제하는 작용

양분상조작용 養分相助作用 nutrient synergism
어느 특정한 양분이 공존하면 다른 양분의 흡수가 촉진되는 작용

양분상호작용 養分相互作用 nutrient interaction
어떤 양분이 다른 양분의 흡수를 억제하거나 촉진하는 작용

양분순환 養分循環 nutrient cycling
토양 중 식물양분이 각각 여러 가지 화학적 형태의 모습으로 변형되면서
토양, 생물체, 대기권을 순환하는 과정

양분스트레스   nutrient stress
필수원소인 양분의 부족 또는 과잉에 의해 식물 생육이 저하되는 현상

양분요구   養分要求   nutrient requirement
식물의 종류에 따른 양분의 요구정도

양분유효도   養分有效度   nutrient availability
식물이 흡수 이용할 수 있는 토양 내 양분에 대한 식물의 흡수 정도

양분이동성   養分移動性   nutrient transport
양분이 토양 또는 식물체 내에서 이동하는 성질

양이온치환   陽―置換   cation exchange
토양에 정전기적으로 흡착되었던 양(+)이온이 용액 중의 다른 양이온과
교환되어 토양용액 중으로 방출되는 현상

양이온 치환용량   陽―置換容量   cation exchange capacity
특정 pH에서 일정량의 토양에 전기적 인력에 의해 다른 양이온과 교환이
가능한 형태로 흡착된 양이온의 총량으로 양이온교환용량이라고도 함

양토   壤土   loam
모래의 비율이 1/3 이하인 토양

염기성비료   鹽基性肥料   basic fertilizer
비료를 물에 녹일 때 용액의 반응이 염기성으로 나타나는 비료

염기성토양 = 알칼리성토양

염기포화도   鹽基飽和度   degree of base saturation
토양에 흡착된 염기성 양이온의 최대량

염류농도   鹽類濃度   salinity
토양 중의 가용성 염류량

염류집적작용   鹽類集積作用   salinization, salt accumulation
증발에 의한 염류 상승량이 많거나 염류를 과다사용하여 표층에 염류가
집적되는 작용

염류토양   鹽類土壤   saline soil
토양 포화침출액의 전기전도도(EC)가 4dS/m 이상인 토양

염해 鹽害 salt injury, salt damage
염류 농도가 높아서 식물이 생리적으로 장해를 받는 것

영양장해 營養障碍 nutritional disorder
식물이 필요로 하는 원소가 부족하거나 과잉되어 나타나는 이상

완충작용 緩衝作用 buffer action
어떤 용액에 산 또는 염기를 가했을 때 일어나는 수소이온농도의 변화를
최소화 시켜주는 작용

완효성비료 緩效性肥料 slow-release fertilizer
효과가 천천히 나타나는 비료

용적비중 容積比重 bulk density
고상, 액상, 기상의 3상을 포함한 토양의 밀도

용탈 溶脫 leaching
토양의 구성요소나 비료 성분이 물에 의해 녹아나오는 것

용탈층 溶脫層 eluvial horizon, E layer, E horizon
용탈작용에 의하여 만들어진 토양 층위

원뿌리 原— original root
토양환경이 변하기 전부터 존재하던 뿌리

위조점 萎凋點 wilting point
토양 중의 수분이 감소하여 식물의 시듦이 시작되는 점

유거 流去 runoff
강수나 관개수가 토양으로 침투되지 않고 지표면을 흘러 배출되는 것

유거율 流去率 runoff coefficient
투입된 물의 양에 대한 유거된 물 양의 비율

유공관 有孔管 perforated pipe
토양 내에 매설하며, 옆면에 구멍이 많이 뚫려있는 관

유근 幼根 radicle
씨에 있는 배에서 나온 최초의 뿌리

유기산　有機酸　organic acids
산성을 띠는 유기화합물의 총칭

유기양분　有機養分　organic nutrient or element
탄수화물, 단백질, 지방 등 유기물 양분

유기질비료　有機質肥料　organic fertilizer
식물이나 동물에서 기원하는 자연적이며 단백질을 함유하는 비료

유기질토양　有機質土壤　organic soil
유기질을 많이 함유하고 있는 토양

유기태질소　有機態窒素　organic nitrogen
토양 중 동·식물과 미생물의 유체로부터 유래된 질소로서 유기물의
구성성분으로 존재하는 질소

유상조직 = 유합조직, 상구조직

유합조직, 유상조직, 상구조직　癒合組織, 癒傷組織, 傷口組織　callus
식물체가 상처를 치유하기 위하여 만드는 조직

유효수분　有效水分　available water
뿌리가 흡수할 수 있는 수분으로서, 영구위조점과 포장용수량 사이의 토양
수분

유효양분　有效養分　available nutrient
식물이 직접 흡수할 수 있는 양분

유효인산　有效燐酸　available phosphate
식물체에 흡수·이용될 수 있는 형태의 토양인산

유효토심　有效土深　available soil depth
식물이 자라는 데 필요한 조건을 갖춘 토층의 깊이

윤상시비　輪狀施肥　ring-shaped fertilization
수관폭을 따라 지표면에 환상으로 도랑을 파거나 방사상으로 도랑을 파
시비하는 방법

음이온치환 陰—置換 anion exchange or substitution
토양의 양(+)전하 부위에 정전기적으로 흡착되었던 음(−)이온이 용액
중의 다른 음이온과 화학당량적으로 교환되어 토양용액 중으로 방출되는
현상

음이온치환용량 陰—置換容量
　　　　　　　　anion exchange or substitution capacity
특정 pH에서 일정량의 토양에 전기적 인력에 의하여 다른 음이온과 교환이
가능한 형태로 흡착된 음이온의 총량

응집력 凝集力 cohesion
액체 또는 고체에서 그 물질을 구성하고 있는 원자 분자 또는 이온 간에
작용하고 있는 인력

이온교환 —交換 ion exchange
어떤 물질이 전해질 수용액과 접촉할 때 그 물질 중의 이온이 방출되고
대신 용액 중의 이온이 물질에 흡착되는 현상

인산질 비료 燐酸肥料 phosphorus fertilizer
인산 성분을 많이 함유하고 있는 비료로, 용성인비, 용과린, 과린산석회,
중과린산석회 등이 있음

입경 粒經 particle size
입자의 유효지름

입단 = 떼알

입단화, 떼알화 粒團化 aggregation
흙 알갱이들이 모여서 덩어리를 이루는 현상

자갈 礫 gravel
지름이 2~75mm인 토양 입자

자연배수 自然排水 natural drainage
자연적인 힘에 의해 물이 빠져나가는 것

잔뿌리, 세근 細根 fine roots, rootlet
지름 2mm 이하의 목화하지 않은 뿌리

잔적토   殘積土   residual soil
모암이 풍화되어 제자리에 남아서 형성된 모재층이 다시 풍화작용과
더불어 토양생성작용을 받아 생긴 토양

잡석지   雜石地   rubble land
지표면의 90% 이상이 자갈, 돌, 조약돌로 덮인 땅

적습, 적윤   適濕, 適潤   moderate huminity
습도가 적절한 상태

전기전도도   電氣傳導度   electrical conductivity
용액 중 전해질 이온의 세기를 나타내는 척도

전이층   轉移層   transitional horizon
토양단면에서 A층과 B층 사이, 혹은 B층과 C층 사이에 있는 토층

절토   切土   cutting of soil
지형을 깎아 없애거나 흙을 떼어내는 작업

점적관수   點滴灌水   drip irrigation, trickle irrigation
물이 방울방울 배출되어 토양에 스며들도록 하는 관수방법

점착성   粘着性   stickiness
일정 수분 상태에서 토양의 끈적거림 등을 나타내는 결지성

점토, 진흙   粘土   clay
지름이 0.002mm (2μm) 이하인 입자로 이루어진 토양

점토광물   粘土鑛物   clay mineral
점토를 구성하는 광물

제염   除鹽   desalting
간척지나 염해지 토양에서 염분을 제거하는 것

조립질토성   粗粒質土性   coarse textured soil
모래가 많아 토성이 거친 토양

조암광물   造岩鑛物   rock-forming minerals
천연의 각종 암석을 구성하는 광물

주근, 직근 主根, 直根 main root, tap root
가장 중심이 되는 뿌리 또는 수직으로 곧게 파고드는 뿌리

줄시비, 대상시비 帶狀施肥 band application
줄 또는 띠 모양으로 비료를 주는 방법

중력수 重力水 gravitational water
토양에 보유되는 힘이 약하여 중력에 의하여 쉽게 빠져나가는 물

증발산 蒸發散 evapotranspiration
토양표면에서의 증발과 잎표면에서의 증산을 합한 것

지연배수 遲延排水 impeded drainage
토양 내에서 중력에 의한 물의 이동이 방해받아 배수가 늦어지는 현상

지표관수 地表灌水 surface irrigation
지표면에 물을 공급하는 관수방법

지표면살포 地表面撒布 surface spray
지표면에 약제 등을 살포하는 방식으로 비료나 제초제, 살충제 등 살포
시에 사용됨

지표면시비 地表面施肥 surface fertilizer
지표면에 비료를 뿌려주는 것

지표배수 地表排水 surface drainage
지표면에 있는 물이 토양으로 침투하여 지하수로 이동하기 전에
지표수로서 배수시키는 방법

지하수 地下水 ground water
토양수 중 암석 사이의 빈틈이나 점토층 위에 있는 물

지하수위 地下水位 groundwater table, water table
지하수의 상부면 또는 지하수가 존재하는 깊이

직근 = 주근

진흙 = 점토

질산태질소 窒酸態窒素 nitrate nitrogen
NO_3 형태의 질소

질산화작용 窒酸化作用   nitrification
암모니아태 질소가 미생물 작용에 의하여 아질산태와 질산태 질소로
산화되는 반응($NH_4^+ \rightarrow NO_2^- \rightarrow NO_3^-$)

질석, 버미큘라이트 蛭石   vermiculite
운모와 같은 결정구조를 가지는 단사정계에 속하는 광물로서 다공질이고
양이온교환능력이 큼

질소고정 窒素固定   nitrogen fixation
대기 중의 유리질소를 생물체가 생리적으로 또는 화학적으로 이용할 수
있는 상태의 질소화합물로 바꾸는 것

질소고정미생물 窒素固定微生物   nitrogen-fixing microorganisms
대기 중의 질소를 고정하여 식물이 사용할 수 있도록 만들어 주는 미생물

질소비료, 질소질비료 窒素肥料   nitrogen fertilizer
질소를 포함하는 비료

질소산화물 窒素酸化物   nitrogen oxides (NOx)
질소와 산소로 이루어진 여러 가지 화합물의 총칭

질소순환 窒素循環   nitrogen cycle
질소성분이 토양·식물체·대기권에서 여러 가지 화학적 형태로 순환하는
과정

질소질 비료 = 질소비료

집적작용 集積作用   illuviation
토양에 침투한 물에 의하여 표층으로부터 이동해 온 토양 구성물질이
하층에 침전하는 현상

집적층 集積層   illuvial horizon
집적되어 만들어진 토양층으로서, 토양단면에서 용탈층과 대조되어 잘
구별됨

천공시비 穿孔施肥   boring fertilization
토양오거 등을 이용하여 토양에 구멍을 뚫고 비료를 넣어주는 방법

천근성 淺根性   shallow-rooted
대부분의 측근이 수평으로 자라서 지표 가까이에 넓고 얕게 분포하는 것

충적물   沖積物   alluvium, alluvial deposit
강물, 호수, 해수 등에 의하여 운반, 퇴적된 물질

충적토   沖積土   alluvial soils
무대토양에 속하는 대토양군의 하나로 최근 퇴적된 충적모재로부터 발달한 토양

측구시비, 환상시비, 방사상시비   側溝施肥, 環狀施肥, 放射狀施肥
radialized manuring, fertilization
식물을 중심으로 거미줄처럼 방사상으로 비료를 주는 것

측근 = 곁뿌리

층간수   層間水   interlayer water
점토 광물의 2:1 또는 1:1층의 층간에 존재하는 수분

층위분화   層位分化   horizon differentiation, horizonation
토양모재가 토양생성인자의 작용을 받아 단면의 수직방향으로 2개 이상의 특성이 다른 층위로 구별할 수 있게 되는 현상

치환성양이온   置換性陽—   exchangeable cation
토양의 알갱이에 흡착되어 있으며, 치환될 수 있는 양이온

친수성   親水性   hydrophilic
극성을 가져 물과의 친화력이 큰 분자 또는 물질의 성질

친수성콜로이드   親水性—   hydrophilic colloid
물을 분산매로 하는 졸(sol) 가운데 물과의 친화성이 큰 것

침수   浸水   water-logging
다량의 강우나 홍수 등으로 인하여 물속에 잠긴 상태

침식표면   浸蝕表面   erosional surface
빙하, 바람, 물 등에 의하여 침식된 지형표면

침투   浸透   infiltration
물이 토양표면 경계로부터 토양단면으로 들어가는 현상

칼륨비료   —肥料   potassium fertilizer, potash fertilizer
칼륨성분을 주성분으로 하는 비료

콜로이드 = 교질

콜로이드성입단, 교질성입단 膠質性粒團 **tactoid**
층상규산염 광물의 점토입자가 특정 교환성 양이온과 이온강도 조건하에서 콜로이드성 크기로 형성된 입단

탄질비 炭窒比 **carbon-nitrogen ratio**
토양 전질소(N)에 대한 유기탄소(C)의 비

토괴 = 흙덩어리

토사유출 土砂流出 **soil loss**
침식에 의해 발생한 토사가 유수에 의해 씻겨나가는 것

토색 土色 **soil color**
주로 부식과 철화합물의 함량 및 형태에 의하여 나타나는 토양의 색상

토성 土性 **soil texture**
토양 내 모래, 미사, 점토의 상대적 함량비

토심 土深 **soil depth**
토양의 수직적 깊이

토양 土壤 **soil**
지각의 표층으로서 생물의 유체 및 그 분해물 그리고 암석의 풍화물로 된 부분

토양개량 土壤改良 **soil improvement, soil amendment**
물리적, 화학적, 생물학적으로 건전하지 못한 토양을 개선시키는 작업

토양개량제 土壤改良劑 **soil conditioner**
토양을 응집 또는 입단화하는 것을 목적으로 토양에 시용되는 유기합성 고분자화합물

토양개황 土壤槪況 **soil information**
토양의 입지 즉 주위환경과 그 토양에 관한 일반사항

토양건습도 土壤乾濕度 **soilhumidity**
토양의 건조 및 습윤 정도를 나타내는 지수

토양검정 土壤檢定 soil test
토양의 물리적 특성 및 유효양분함량 또는 석회소요량 등을 측정하는
분석작업

토양견밀도 土壤堅密度 soil consistance
토층의 딱딱한 정도와 치밀도

토양경도 土壤硬度 soil hardness
바깥 힘에 대한 토양의 저항력

토양경화 土壤硬化 soil consolidation
토양에 압력이 가해져 공극수가 빠져나가면서 부피가 줄어들고 단단해지는
현상

토양공기 土壤空氣 soil air
토양공극을 채우고 있는 기체

토양관리 土壤管理 soil management
식물의 생육과 관련하여 이루어지는 토양에 대한 모든 작업

토양광물 土壤鑛物 soil mineral
토양 속에 존재하는 광물의 총칭이며, 암석의 파편이 분해된 것을 1차광물,
이것들이 화합한 것을 2차광물이라 함

토양교질물 土壤膠質物 soil colloid
토양에 있어서는 입자의 직경이 0.1~0.001㎛인 토양 내 점토와 유기물

토양구조 土壤構造 soil structure
토양을 구성하는 모래, 미사, 점토 등 1차 입자들이 결합하여 2차 입자인
입단을 형성할 때 입자의 배열양식

토양권 土壤圈 pedosphere
토양이 차지하고 있는 권역

토양단면 土壤斷面 soil profile
토양을 수직방향으로 일정한 깊이까지 파 내려갈 때의 토양의 수직단면

토양물리성, 토양이학성 土壤物理性, 土壤理學性
                        soil physics, physical property of soil
토양의 토성, 경도, 온도, 수분, 삼상 등 물리적인 성질

토양미생물　土壤微生物　soil microorganism
토양에 서식하는 세균, 방선균, 사상균, 조류, 원생동물 등

토양부식질　土壤腐植質　soil humus
토양의 A 층의 아래 쪽에 있는 부식질과 토양의 광물입자와의 혼합물

토양분석　土壤分析　soil analysis
토양의 여러 가지 특성을 알기 위하여 실시하는 물리적, 화학적 및
생물학적 분석

토양비옥도　土壤肥沃度　soil fertility
토양에 유기물과 영양염류가 포함되어 있는 정도

토양산도　土壤酸度　soil acidity
토양의 수소이온 농도를 표시하는 것으로 pH 1-14까지 분포함

토양3상　土壤三相　three phases of soil
토양을 구성하고 있는 고상, 기상, 액상

토양상　土壤相　soil phase
토양을 토양구 표토의 경사도, 염농도, 자갈함량 등을 기준하여 나눈 것

토양생물　土壤生物　soilorganism
토양에서 주로 서식하는 미생물, 곤충, 소동물 등

토양생태계　土壤生態系　soil ecosystem
고등 식물의 근계, 토양 미생물, 동물 등과 그것을 둘러싸고 있는
토양환경과의 상호작용에 의해 연결되어 있는 전체 계

토양소독　土壤消毒　soil disinfection
토양속의 병원균, 부후균, 해충 등을 제거하기 위한 작업

토양수　土壤水　soil water
토양입자 표면에 대한 부착력과 물 분자 상호간의 인력으로 토양에
존재하는 수분

토양수분장력　土壤水分張力　soil moisture tension
토양수분이 토양입자 표면에 모세관현상 등으로 흡인되어 있는 압력

토양수분포텐셜 土壤水分─   soil water potential
토양에 존재하는 물의 다양한 내부 에너지의 총합

토양습도 土壤濕度   soil moisture
토양 공극 내의 습도

토양시료채취 土壤試料採取   soil sampling
토양의 물리적, 화학적 또는 생물적 특성을 분석하기 위하여 토양을
채취하는 것

토양오거, 토양검토장 土壤檢討杖   soil auger
토양조사 현장에서 토양시료를 채취하거나 천공을 실시하기 위하여
사용되는 길다란 관모양의 기구

토양오염 土壤汚染   soil pollution
산업활동에 의하여 배출되는 유해물질이 토양에 축적되는 것

토양유기물 土壤有機物   soil organic matter
동·식물의 유체가 분해되어 미생물체 또는 부식으로 변환된 토양 중의 유기물

토양이학성 = 토양물리성

토양조사 土壤調査   soil survey
토양의 단면 형태나 성질 등을 조사하고, 채취한 토양을 분석하여 물리,
화학적 성질을 측정하는 것

토양조직 土壤組織   soil fabric
토양의 고상과 공극의 형태, 크기, 그리고 공간적인 배열의 결합된
영향으로 나타나는 물리적 구성

토양진단 土壤診斷   soil diagnosis
토양으로부터 발생하는 여러 가지 문제점의 원인을 밝히고 대책을 세우기
위해 실시하는 토양 조사 및 분석

토양침식 土壤浸蝕   soil erosion
비·바람의 작용에 의하여 토양이 유실 또는 비산 이동하는 현상

토양통 土壤統   soil series
토양분류에서 가장 기본이 되는 토양분류단위로서, 동일한 토양모재로
부터 발달된 층위의 특성 및 배열이 유사한 토양을 묶은 것

토양통기　土壤通氣　soil aeration
토양공기가 대기공기와 교환되는 것

토양호흡　土壤呼吸　soil respiration
토양 중의 생물이 유기물을 분해하여 에너지를 획득하는 과정에서
발생하는 산소의 소비와 이산화탄소의 발생을 나타냄

토양화학성　土壤化學性　chemical property of soil
토양 중에 포함되는 화학적성분의 양과 그 비율

통기근, 호흡근　通氣根, 呼吸根　pneumatophore
지상에 뿌리의 일부를 내고 통기를 관장하는 뿌리

통기성　通氣性　aeration
토양 내에 있는 공기의 이동 정도 또는 토양과 대기 사이의 공기의 교환 정도

퇴비　堆肥　compost
낙엽, 짚류 등의 재료를 퇴적하여 거름으로 사용할 수 있게 부숙시킨 것

투수　透水　percolation
토양공극 등 다공질 매체를 통하여 물이 하향으로 이동하는 것

판석　板石　flagstone
비교적 얇고 평평하며 길이가 150~380nm 정도인 암편

팽윤수　膨潤水　swelling water
토양입자에 포함되어 있는 팽윤성 물질에 대한 수화·팽윤 현상 등에 의하여
보유되는 물

펄라이트　perlite
진주암을 분쇄하여 고온과열·발포 처리하여 제조한 백색의 다공질체

평탄지　平坦地　flat
주로 진흙 혹은 모래로 이루어진 경사 2% 이하의 평평한 지형

포장　鋪裝　pavement
식물의 뿌리가 분포되어 있는 지표면을 아스팔트, 시멘트블록, 대리석으로
덮는 것

포장용수량   圃場容水量   field capacity
토양이 물의 중력을 견디고 공극 내에 함유할 수 있는 최대수분량

표토   表土   surface soil, topsoil
토양 단면의 최상위(A층)에 위치하는 토양으로 유기물이나 양분을
함유하고 있으며, 뿌리가 많이 분포함

풋거름 = 녹비

피복, 멀칭   被覆   mulch, mulching
식물이 자라고 있는 토양의 표면을 목재칩, 수피칩, 짚, 비닐, 자갈 등으로
덮는 것

호기성미생물   好氣性微生物   aerobe
공기 또는 산소가 존재하는 조건 하에서 생육하는 미생물

호흡근 = 통기근

화학비료   化學肥料   chemical fertilizer
무기질원료를 이용하여 화학적 방법으로 제조된 비료의 총칭

환상박피   環狀剝皮   girdling, ring peeling
나무 줄기를 빙 둘러서 수피부(사부포함)를 제거하고 목부는 남겨두는 처리

휘감는 뿌리 = 뿌리조임

흙다져짐 = 답압

흙덩어리, 토괴   土塊   clod
경운 등의 인위적인 작용에 의하여 생기는 일시적인 흙덩이

흙덮음 = 복토

흡습계수   吸濕係數   hygroscopic coefficient
토양에 흡착된 흡습수의 토양에 대한 무게 비율

흡습수   吸濕水   hygroscopic water
토양입자의 흡입력에 의하여 입자 표면에 부착된 수분으로 식물이 이용할
수 없음

제7장

진단처방

갈라짐, 균열   龜裂   crack
쪼개지거나 금이 간 상태

개비온   gabion
돌망태 또는 돌을 집어넣을 수 있는 구조물

객토   客土   soil dressing
성질이 다른 토양을 표토에 섞어 넣어서 토지의 생산성을 높이는 방법

건조   乾燥   drought
수분이 없거나 모자란 상태

건조저항성   乾燥抵抗性   drought resistance
식물이 건조한 환경에서도 원형질의 건조를 회피하여 생명을 유지하는 성질

검역   檢疫   quarantine
병해충의 유입 및 유출을 막기 위한 식물 수출입의 규제

겨울볕뎀, 동계피소, 상열   冬季皮燒, 霜裂
                        winter sunscald, frost crack
겨울철 줄기가 햇볕을 받아 동결과 해동을 반복하는 과정에서 바깥쪽의
변재부가 안쪽 부위보다 더 심하게 수축, 팽창하다가 종축방향으로
갈라지는 현상

경운   土壤耕耘   tillage
토양을 교반 또는 반전하여 부드럽게 하고 흙덩이를 작게 부수며 공극률을
높이는 작업

고온피해   高溫被害   heat injuries
고온에 의한 식물 피해

곤충생장조절제   昆蟲生長調整劑   insect growth regulator
곤충 발육단계 중 어떤 특정한 단계에 영향을 미쳐 정상적인 발육을 하지
못하게 하여 해충의 방제 및 관리에 사용하는 약제

공극   孔隙   pore
토양 입자 사이의 틈

공기뿌리 = 기근

공동 空洞 cavity
줄기의 목부조직이 부후되어 나무 내부가 비어 있는 공간

공동충전 空洞充塡 cavity filling
목재에 발생한 공동에 시멘트, 목재, 흙, 우레탄고무, 폴리우레탄폼 등
충전제를 사용하여 공동을 메우는 공정

과비, 비료 과다 過肥 excess fertilizer
비료를 필요 이상으로 시비한 것

과습 過濕 wet
수분 경향성 다섯 등급, 즉 건조, 약건, 적습, 약습, 과습 가운데 가장 습한
수준으로 토양 공극 사이에 물분자가 항상 포화되어 있는 상태

관수 灌水 watering
수목의 생육과 생장을 위해 물을 공급하는 것

광근성 = 너른뿌리

괴사 壞死 necrosis
생체 조직 일부가 죽거나 죽어가는 상태

교접 橋接 bridge grafting
나무줄기가 환상박피 등의 상처로 통도조직과 형성층이 피해를 받았을 때
가교와 같은 형태로 상처부위의 위와 아래를 연결하는 접목법

구제 驅除 extermination, eradication
해충 등을 몰아내거나 없앰

균근 菌根 mycorrhiza
식물체 뿌리와 곰팡이의 공생에 의해 만들어진 복합체

균열 = 갈라짐

그루터기, 벌근 伐根 stump
나무를 베고 지상에 남은 수목의 지제부

근계 根系 root system
식물 지하부에 뿌리가 형성하는 공간적 구조계

근분 = 분

근접 = 뿌리접목, 뿌리이식

기계적 방제   機械的 防除   mechanical control
맨손 또는 기계를 이용하여 죽이거나 환경조건을 변화시켜 방제하는 방법

기근, 공기뿌리   氣根   knee root, aerial root
땅속에 있지 않고 공기 중에 뻗어 나와 기능을 수행하는 뿌리

기상난동   氣象亂動   weather disturbance
가뭄, 홍수, 폭설, 한파, 고온 등의 이상 기후

기상피해   氣象被害   weather damage
고온, 가뭄 등 기상 요인에 의해 식물이 피해를 입은 것

기생식물   寄生植物   parasitic plant
다른 식물에 기생하면서 그로부터 양분을 흡수하여 사는 식물

기후변화   氣候變化   climate change
일정 지역에서 오랜 기간에 걸쳐서 진행되는 기상의 변화

나무건강관리   樹木健康管理   tree health care
나무를 건강하게 키우기 위한 모든 행위

나뭇결, 목리   木理   wood grain
목재를 세로로 켰을 때 나타나는 무늬로 주로 나이테로 인해 생김

나선상목리   螺旋狀木理構造   spiral grain
목부조직이 점진적으로 나선처럼 돌면서 만들어지는 목재 구조

낙뢰   落雷   lightning
벼락이 떨어짐

납작줄기 = 대화

내건성   耐乾性   drought tolerance
식물이 건조한 환경의 영향을 받기는 하지만 큰 피해 없이 견딜 수 있는 능력

내동성   耐凍性   freezing tolerance
동해와 상해 등 0℃ 이하의 온도에서 주로 세포내 동결과 관련되어 일어나는 피해에 대한 내성

내성 耐性 tolerance
어떠한 자극에 영향을 받기는 하지만 생리적 또는 경제적으로 큰 피해를 받지는 않는 성질

내습성 耐濕性 moisture resistant
토양수분 과다에 대한 내성

내염성 耐鹽性 salt tolerance
식물이 염분이 높은 환경에서 생육 또는 생존하는 성질

내음성 耐陰性 shade tolerance
식물이 그늘진 곳이나 어두운 곳에서도 견딜 수 있는 성질

내한성 耐寒性 cold tolerance
추위를 잘 견디어내는 식물의 성질

내화성 耐火性 fire tolerance
식물이 화재나 열 등에 견디는 특성

냉해 冷害 chilling injury
주로 봄과 가을의 환절기에 0℃ 전후 또는 이상의 저온에 의하여 받는 피해

너른뿌리, 광근성 廣根性 wide root
근계를 넓게 형성하는 뿌리

농약 農藥 pesticide
식물의 해충이나 병균, 잡초 등을 없애거나 구제하기 위해 사용하는 약제

늦서리, 만상 晩霜 late frost, spring frost
늦은 봄에 수목이 휴면을 타파하고 생장을 시작한 후 뒤늦게 내리는 서리

다량원소 多量元素 macronutrient, major element
식물이 생장하기 위하여 많은 양을 필요로 하는 수소(H), 탄소(C), 산소(O), 질소(N), 인(P), 칼륨(K), 칼슘(Ca), 마그네슘(Mg), 황(S)의 9원소

다아현상 多芽現象 multiple buds
가지의 한곳에 많은 수의 눈이 모여서 발생하는 현상

단근, 뿌리끊기 斷根 root pruning, root cut
뿌리를 절단해서 잔뿌리의 발생을 유도하거나 이식 등을 위해 뿌리를
잘라내는 행위

단순림 單純林 pure forest
단일 수종으로 구성된 산림

답압 = 흙다짐

대기오염 大氣汚染 air pollution
인위적 활동 또는 화산, 산불 등 자연현상으로 인해 사람과 동식물에
해로운 물질이 대기 중에 확산 또는 축적된 것

대형지 = 큰가지

대화, 납작줄기 帶化 fasciation
줄기의 일부가 편평해지는 기형 현상

덩굴식물, 만경류 蔓莖類 vine
줄기가 곧게 서지 않고 다른 물체를 감거나 붙어서 자라는 식물

도장지, 웃자란 가지 徒長枝 epicormic shoot, water sprout
가지 가운데 세력이 왕성하여 지나치게 웃자란 가지

동계건조 冬季乾燥 winter drought, winter desiccation
뿌리가 얼거나 겨울철 건조한 바람으로 수분이 손실되어 마르는 피해

동계피소 = 겨울볕뎀, 상열

동해 凍害 freezing injury
한 겨울 빙점 이하에서 나타나는 식물의 피해

마디생장, 절간생장 節間生長 internodal growth
줄기의 마디사이에서 일어나는 생장으로 식물의 길이생장임

마른 우물 dry well
복토나 심식 등의 환경을 개선하기 위하여 나무 주위에 조성한 우물모양의
구조물

만경류 = 덩굴식물

만상 = 늦서리

매개충　媒介蟲　insect vector
동식물의 병원체를 옮기는 곤충

맹아지　萌芽枝　sucker
휴면 상태에 있던 눈에서 자란 가지

목리 = 나뭇결

무기양분　無機養分　mineral nutrient or element
토양 중에 존재하는 무기염류 가운데 식물의 필수요소로서 양분이 되는 염류

무기질비료　無機營養劑　inorganic fertilizer
무기화합물로 구성된 화학비료

물리적 상처　物理的 傷處　mechanical injury
차량이나 장비 등에 의해 발생한 인위적인 상처

미기상, 미기후　微氣象, 微氣候　microclimate
식물체의 표면을 둘러싸고 있는 공간 등 매우 좁은 공간의 기후

미기후 = 미기상

미량요소 = 미량원소

미량원소, 미량요소　微量元素, 微量要素
　　　　　　　　　micronutrient, trace element
식물의 생존에 필수적인 원소 중에서 요구량이 매우 적은 원소로 철(Fe),
망간(Mn), 붕소(B), 구리(Cu), 몰리브덴(Mo), 염소(Cl) 및 아연(Zn) 등이
있음

미립자　微粒子　particle
직경이 마이크로미터로 측정되는 매우 작은 입자

미립제　微粒劑　microgranule (MG)
미세한 입자의 비산을 방지하기 위하여 75~200mesh의 입경으로 제조한
농약 제제

밑동 = 지제부

바크칩 = 수피조각

박피   剝皮   barking
가지, 줄기, 뿌리 등에서 수피를 제거하는 것

방어벽   防禦壁   barrier
병원균이나 부후균으로부터 수체를 보호하기 위한 저항층

방재림   防災林   disaster prevention forest
재해방지를 위해 조성된 산림으로, 수원함양림, 토사유출방지림, 방풍림,
방설림, 방화림 등이 있음

방제   防除   control
수목에 피해를 주는 각종 병해충을 예방하고 구제하는 것

방풍림   防風林   windbreak forest, windbreak trees
농경지·과수원·목장·가옥 등을 강풍으로부터 보호하기 위하여 조성한 숲

배수   排水   drainage
식물의 정상적인 생육을 위하여 과다한 수분을 제거하는 것

배수불량   排水不良   poor drainage
여러 원인에 의하여 물 빠짐이 나쁜 상태

백화현상   白化現象   whitening
색소가 있어야 할 부분에 색소가 없어서 하얗게 보이는 현상

벌근 = 그루터기

법적 방제   法的防除   legal control
법령에 의해 실시하는 방제

병든가지, 이병지   罹病枝   diseased branch
병원체에 의한 감염이나 비생물적 피해로 인해 피해를 받은 가지

병목현상   bottleneck phenomenon
외부의 압력에 의해 줄기가 잘록해지는 현상

볕뎀, 일소   日燒   sun scald
식물의 다육성 조직들이 강한 햇볕에 타서 만들어진 증상

보조제   補助劑   supplement agent
농약 등의 유효성분의 효력을 증진시키기 위해 사용하는 약제

복토, 흙덮음 覆土 soil covering
나무의 주간 둘레에 흙을 더 덮어 지면을 높이는 일

부동성 원소 不動性元素 immobile elements
칼슘, 철, 붕소 등 식물 체내에서 이동이 쉽게 되지 않는 원소

북극진동 北極振動 arctic oscillation
북반구에 존재하는 차가운 공기가 저위도 지역으로 주기적으로 남하하는 현상

분, 근분 根盆 root ball
식물체를 옮겨심기 위해 뿌리를 잘라 동그랗게 맍든 형태

분제 粉劑 dust, dispersible powder (DP)
원제를 다량의 증량제와 물리성 계량제, 분해방지제 등과 혼합, 분쇄한
분말 제제

분지점 分枝點 crotch, branch axil
가지와 가기가 갈라지는 부위

분진 粉塵 dust
공기 중에 존재하는 지름 0.1~수십μm 크기의 고체미립자

불용성 不溶性 insoluble
용매에 잘 녹지 않는 성질

불용성 인산 不溶性 燐酸 insoluble phosphate
산성토양에서 알루미늄이나 철과 결합하거나 알카리성 토양에서 칼슘과
결합하여 물에 녹지 않는 상태가 되어 식물체가 이용할 수 없는 인산

비계 scaffold
높은 곳에서 일할 수 있도록 설치하는 임시 가설물

비기생성 피해 非寄生性被害 non-parasitic damage
수목에 피해를 입히는 요인 중 전염성 병 및 해충 이외의 모든 피해로 인한
피해

비료 과다 = 과비

비생물적 요인 非生物的要因 abiotic factor
수목에 피해를 입히는 인자 중 병원균 및 해충 이외의 모든 요인

비생물적 피해 非生物的被害 abiotic damage
수목에 피해를 입히는 요인 중 전염성 병 및 해충 이외의 모든 인자에 의한
피해

뿌리끊기 = 단근

뿌리노출 exposed root
토사 유실 등으로 지표면으로 드러난 뿌리

뿌리수술 根手術 root surgery
뿌리상처발생과 뿌리기능이 저하되고 토양환경이상으로 뿌리가 쇠약한
경우에 대한 치료방법으로, 토양제거, 뿌리박피, 단근처리, 토양소독,
발근제처리, 유합조직형성촉진제처리, 토양개량, 유공관설치, 자갈넣기 등
매우 다양함

뿌리이식 = 뿌리접목, 근접

뿌리접목, 뿌리이식, 근접 根接 root grafting
뿌리 피해를 받은 수목에 같은 종의 어린나무를 이식하여 접을 붙인 것으로
기존 뿌리를 대체할 수 있도록 하는 뿌리수술의 한 방법

뿌리조임, 휘감는 뿌리 root girdling
뿌리가 나무 밑동 주변을 휘감으면서 자라거나 다른 뿌리를 조이는 현상

산림쇠락 = 산림쇠퇴

산림쇠퇴, 산림쇠락 山林衰退, 山林衰落 forest decline
병해충이나 화재, 산성비 혹은 인위적 간섭으로 인해 산림이나 숲이
점진적으로 쇠약해지는 현상

산성비 酸性雨 acid rain
산성도를 나타내는 수소이온 농도지수(pH)가 5.6 미만인 비

산성토양 酸性土壤 acid soil
토양용액의 반응이 pH 7보다 낮은 토양

산화체 酸化體 oxidant
산화 시킬 수 있는 물질

살균제   殺菌劑   fungicide
곰팡이에 독성이 있는 물질

살비제, 살응애제   殺蜱劑   acaricide
응애를 죽이거나 생장을 억제하는 화합물

살응애제 = 살비제

살충제   殺蟲劑   insecticide
곤충을 죽이는 성분을 함유한 작물보호제

상열 = 겨울볕뎀, 동계피소

상주피해, 서릿발 피해   霜柱被害   frost heaving
겨울철 서릿발로 인해 지표면이 어린 식물과 함께 솟아올랐다가 얼음이
녹으며 물만 아래로 내려가는 현상이 반복되어 어린 식물의 뿌리가 끊어져
쓰러지거나 건조 피해를 받는 현상

상처   傷處   wound
식물의 조직이나 세포가 파괴된 부분

상처도포제   傷處塗布劑   wound dressing
상처 부위로 세균이나 병원균의 침입을 차단하기 위해 바르는 연고 등의
약제

상처유합재 = 새살

상처 치료   傷處治療   wound treatment
수목에 발생한 상처를 회복시키기 위한 처치

상처 치유   傷處治癒   wound healing
식물이 상처 부위를 자기방어 능력에 의해 자연적으로 회복하는 것

새가지 = 신초

새살, 상처유합재   傷處癒合材   woundwood
상처부위가 아물면서 만들어지는 목부조직

새잎, 신엽   新葉   new leaf
봄에 눈이 터서 자란 잎이나 2차생장을 하는 수목에서 만들어지는 여름잎

생리적 피해, 생리장애, 비전염성 피해
生理的被害, 生理障礙, 非傳染性被害
physiological damage, physiological disorder, non-transmittable injury
수목에 피해를 입히는 요인 중 전염성 병 및 해충 이외의 모든 피해

생물적 방제 生物的 防除 biological control
천적곤충, 천적미생물, 길항미생물 등 생물적 수단을 사용하여 병해충을
구제하는 방제

생물적 요인 生物的要因 biotic factor
생태계 또는 식물 생리에 영향을 미칠 수 있는 생물 요소

생물적 피해 生物的被害 biological damage
전염성 병이나 해충, 동물 등에 의한 피해

생육공간, 생장공간 生育空間, 生長空間 growth space
식물이 차지하는 지상부 및 지하부의 넓이와 깊이 또는 높이

생장억제제 生長抑制劑 growth inhibitor
식물의 생장 및 반응을 억제하는 물질로서 ABA 및 ethylene 등이 대표적인
예임

생장촉진제, 생리증진제, 생리활성제
生長促進劑, 生理增進劑, 生理活性劑 growth promoter
식물의 생장을 촉진하는 물질로서 옥신, 지베렐린, 사이토카이닌 등이 있음

서릿발 피해 = 상주피해

석축 石築 reinforcing stone wall
돌로 쌓은 옹벽이나 돌을 쌓는 일

설해 雪害 snow damage
눈으로 인해 발생한 피해

성전환 性轉換 sex transformation
암꽃이 수꽃으로, 혹은 수꽃이 암꽃으로 바뀌는 현상

성토 盛土 banking
현재의 지반 위에 흙을 덮는 것 또는 덮은 흙

세근 = 잔뿌리

세척제 피해　洗滌劑被害　detergent injury
건물 등의 세척에 쓰이는 유·무기화합물에 의한 식물 피해

소독 = 위생

소지 = 잔가지

수관　樹冠　crown
주간에서 갈라져 나온 줄기로부터 가지와 잎 모두를 포함하는 부분

수관폭　樹冠輻　crown width
수관의 직경

수목보호울타리　樹木保護柵　tree care fence
나무 혹은 나무의 생장공간을 보호하기 위한 울타리

수목진단　樹木診斷　tree diagnosis
수목의 이상 증상을 파악하거나 판정하는 것

수목진료　樹木診療　tree clinic
수목의 진단과 그에 따른 치료 및 관리

수목치료　樹木治療　tree treatment
수목 진단결과에 따른 이상증상을 회복, 완화하기 위한 과정이나 활동

수세　樹勢　tree vigor
수목의 세력이나 활력도

수액　樹液　sap
땅속에서 나무의 줄기를 통하여 잎으로 향하는 액

수액유출　樹液流出　sap exudation, sap gumming
상처 등으로 인해 수액이 밖으로 흘러나오는 것

수용제　水溶劑　water soluble powder (SP)
농약주성분이 물에 대한 용해도가 높아 입상이나 정제를 만들어 사용하는
제제

수지　樹脂　resin
대부분 침엽수에서 분비되는 비결정성 고체 또는 반고체의 유기화합물

수질분석　水質分析　water analysis
물속에 포함된 여러 가지 성분의 양을 측정하는 것

수피　樹皮　bark
나무줄기의 목질부를 감싸고 있는 조직 전체

수피볕뎀, 피소　皮燒　bark scald
대개 수피가 얇은 나무줄기의 서쪽 또는 서남쪽 면이 직사광선으로 인해
수피 내 온도가 올라가 수분이 증발하고 형성층조직이 죽는 것

수피성형, 표피성형　樹皮成形, 表皮成形　cosmetic bark
상처부위 위로 나무가 가지고 있는 고유한 문양으로 표피를 제작하여
덧붙이는 것

수피이식　樹皮移植　bark grafting
환상박피 등 줄기 상처 부위를 같은 종 다른 나무의 건전한 수피를
이식하여 상처를 치료하는 외과수술의 한 방법

수피이탈　樹皮離脫　bark exfoliation
수피가 벗겨지는 것

수피조각, 바크칩　bark chip
수피를 잘게 부수어 칩으로 만든것

수형　樹型　tree form
나무의 종류나 생육환경에 따라 나타나는 나무의 고유한 형태

수형조절　樹形調節　directional or formative pruning
나무의 수형을 교정하거나 수형을 유도하기 위한 전정의 종류

수화제　水和劑　wettable powder (WP)
물에 녹지 않는 농약 원제를 점토나 규조토를 증량제로 하여 계면활성제와
분산제를 가하여 제제화한 것

시들음, 위조　萎凋　wilt
수분 흡수량이 증산량에 미치지 못할 때 식물체가 팽압을 잃은 상태

식재틀   planter, plant box
나무나 식물을 심기 위한 일정한 크기의 화분이나 틀

신엽 = 새잎

신초, 새가지   新梢   shoot, new shoot
올해 싹 튼 겨울눈으로부터 자란 새가지

심근성   深根性   deep rooting
뿌리를 비교적 땅속 깊이까지 뻗어 내리며 자라는 성질

심식   深植   deep planting
종자 또는 종묘 등을 깊이 심는 것

알비노현상   albinism
색소가 있어야 할 부분에 색소가 없어서 하얗게 보이는 현상으로
백화현상이라고도 함

암수딴그루, 자웅이주   雌雄異株   dioecious, dioecism
암꽃과 수꽃이 각각 다른 그루에 피는 식물

암수한그루, 자웅동주   雌雄同株   monoecious, monoecism
암꽃과 수꽃이 같은 그루 위에 생기는 꽃

암종 = 혹

액제   液劑   soluble concentrate (SL)
수용성의 유효성분과 계면활성제 등의 보조제를 물에 용해시킨 제제

약해   藥害   chemical injury, phytotoxicity
약물에 의해 식물에 나타나는 생리적 장애로 식물조직의 파괴, 광합성 및
호흡작용 등의 생리활동을 방해 함

양분결핍   養分缺乏   nutrient deficiency
토양문제 등으로 인하여 식물이 필요로 하는 특정 또는 다수의 영양원을
충분히 획득치 못하는 것

양분과다   養分過多   nutrient toxicity
식물에 생육하는데 필요한 무기물 또는 유기 양분을 필요량 이상으로
흡수한 것

양이온 치환용량, 양이온 교환용량   陽—置換容量, 陽—交換容量
cation exchange capacity
특정 pH에서 일정량의 토양에 전기적 인력에 의해 다른 양이온과 교환이
가능한 형태로 흡착된 양이온의 총량

어린가지   twig
눈에서 자라나온 어린 가지

어린잎, 유엽   幼葉   juvenile leaf
막 자라나오는 새 잎

얼룩잎, 잡색엽   雜色葉   variegated leaf, pie-bald leaf
잎에 얼룩이나 무늬가 있는 잎

연리목   連理木   grafted trees
뿌리가 다른 두 나무가 조직학적으로 완전히 붙어 자라는 것

연리지   連理枝   grafted branch
뿌리가 다른 두 나무 혹은 한 나무 내에서 가지가 서로 붙어 한 가지처럼
자라는 것

염해   鹽害   salt injury, salt damage
염류 농도가 높아서 식물이 생리적으로 장해를 받는 것

엽록소측정기   葉綠素測定器   chlorophyll meter
식물체의 잎의 색깔을 통해 엽록소의 양을 측정하는 기구

엽면살포   葉面撒布   foliar spray
영양제나 농약 등을 잎에 살포하는 것

엽면시비   葉面施肥   foliar application
식물에 필요한 영양분을 잎을 통해 흡수할 수 있도록 용액상태로 잎에
뿌려주는 것

엽분석   葉分析   foliar analysis
잎을 채취하여 영양결핍 등의 성장특성이나 생리적 장애의 원인을
알아내는 방법

엽소, 잎탐   葉燒   leaf scorch, leaf scald
햇볕에 의하여 잎의 일부가 화상을 입고 괴사하여 생긴 증상

예방 豫防 prevention
어떠한 피해를 받기 이전에 피해를 사전에 미리 막는 것

오존 ozone (O_3)
산소 원자 3개로 이루어진 산소의 동소체로서 매우 불안정한 화합물

옹이 burl
나무의 몸에 박힌 가지의 밑 부분

완충재 緩衝材 buffer hose
두 물체 사이에 끼워서 충격을 완화하기 위한 고무 등의 재료

왜소엽 矮小葉 dwarf leaf
스트레스 등으로 인해 생육이 부진하여 작게 자란 잎

용적비중 容積比重 bulk density
토양의 고상(固相), 액상(液相), 기상(氣相)의 3상을 포함한 토양의 밀도

용탈 溶脫 leaching
토양의 구성요소나 비료 성분이 물에 의해 녹아나오는 것

우드칩 wood chip
목재를 잘게 부수어 작은 칩으로 만든것

위생, 소독 衛生, 消毒 sanitation
감염된 식물체의 제거 및 소각과 도구, 장비, 손 등의 소독

위조 = 시들음

유아등 誘蛾燈 light trap
주광성의 해충을 빛에 이끌리도록 유인하여 잡는 장치

유엽 = 어린잎

유인목 誘引木 attractant effect of trap logs
주로 천공성 해충의 산란을 유도하여 방제하기 위해 설치하는 목재

유제 乳劑 emulsifiable concentrate (EC)
농약의 주제를 용제에 녹여 유화제로 하고, 계면활성제를 가하여 제조한
농약 제제

유합조직, 유상조직, 상구조직 癒合組織, 癒傷組織, 傷口組織 callus
식물체가 상처를 치유하기 위하여 상처부위에 만드는 조직

유효인산 有效燐酸 available phosphate
식물체에 흡수·이용될 수 있는 형태의 토양인산

이동성 원소 移動性 元素 mobile elements
질소, 인, 칼륨, 마그네슘 등 식물 체내에서 비교적 이동이 쉬운 원소

이른서리, 조상 早霜 early frost
가을의 생장휴면기에 들어가기 전에 내리는 서리

이병지 = 병든가지

이상기후 異常氣候 abnormal climate
기온이나 강수량 등의 기후인자가 정상범위를 벗어난 상태

이식스트레스 transplanting stress
식물을 이식하면서 받게 되는 여러 가지 생리적 장애

인위적 피해 man-made damage, people's pressure
사람에 의해 발생되는 피해

일소 = 볕뎀

임계온도 臨界溫度 critical temperature, threshold temperature
어떤 특정 현상 또는 반응 등의 발생을 좌우하는 경계점의 온도

입제 粒劑 granule (G)
농약의 형태로 대체로 8~60메시(입자지름 약 0.5-2.5mm) 범위의 작은
입자로 된 농약

잎뒤틀림 leaf distortion
잎에 주름이 지거나 기형적으로 생긴 상태

잎말림 leaf rolling
잎이 앞면이나 뒷면으로 말린 상태

잎솎기 leaf thinning
이식 스트레스 등을 줄여주기 위하여 잎을 솎아주는 것

잎탈락 = 제엽

잎탐 = 엽소

자웅동주 = 암수한그루

자웅이주 = 암수딴그루

잔가지, 소지   小枝   twig
그루에서 가장 긴 가지 길이의 ¼에 미달되거나 50cm 이하인 가지

잔류독성   殘留毒性   residual toxicity
병해충 방제 등을 위한 독성물질이 토양에 집적되거나 먹이사슬을 따라
이행하며 시간이 지나도록 남아있는 독성

잔뿌리, 세근   細根   fine roots, rootlet
직경 2mm 이하의 목화하지 않은 뿌리

잡색엽 = 얼룩잎

잡초제거   weed control
화학적, 기계적 방제 등으로 잡초를 없애는 것

재발성 새잎   再發葉   refoliation leaf
어떠한 피해로 인해 낙엽된 이후 다시 돋는 잎

저온순화   低溫馴化   cold acclimation
온대지방의 식물이 추운 겨울을 나기위해 가을부터 서서히 낮은 온도에
적응해가는 현상

전염원   傳染源   infection source
전염성 병원체를 가지고 병을 확산시킬 수 있는 감염체

절토   切土   cutting of soil
지형을 깎아내리거나 흙을 떼어내는 작업

점적관수   點滴灌水   drip irrigation, trickle irrigation
물이 방울방울 배출되어 토양에 스며들도록 하는 관수방법

접목   接木   grafting
눈 또는 눈이 붙은 줄기를 뿌리가 있는 줄기 또는 뿌리에 접착시켜서
하나의 나무로 만드는 것

제엽, 잎탈락   除葉   defoliation
잎의 일부 혹은 전부가 태풍, 전염성병, 해충, 스트레스 등에 의해
일시적으로 제거되는 것

제초제   除草劑   herbicide
잡초를 선택적 혹은 비선택적으로 제거하는데 사용되는 약제

조기낙엽   早期落葉   early leaf fall, early defoliation
각종 스트레스 요인에 의해 정상적인 낙엽시기보다 일찍 낙엽이 진행되는 것

조상 = 이른서리

조풍   潮風   ocean salt spray
바닷가 주변에서 불어오는 소금끼를 함유한 바람

중간기주   中間寄主   alternate host
균이나 해충(곤충) 등에서 생활사를 완성하기 위하여 꼭 필요한 두 종의
기주 중 중요도가 떨어지는 기주

지구온난화   地球溫暖化   global warming
지구 표면의 평균온도가 상승하는 현상

지상부   地上部   top zone
땅속에 있는 뿌리를 제외한 지면 위로 드러난 모든 부위

지제부, 밑동   地際部   stem-root junction, the base of a tree
나무 줄기에서 뿌리에 가까운 땅 가 부분

지표식물   指標植物   indicator plant
특정한 환경 속에서만 생존하여 그 식물의 생존상태로써, 또는 특정 조직의
변화로써 어떤 물질, 생물 또는 현상의 존재를 알려주는 식물

지피융기선   枝皮隆起線   branch bark ridge
줄기에서 가지가 뻗으며 선처럼 수피가 융기된 부위

지하고   枝下高   clear-length, crown height
지표면으로부터 수관 하부까지의 높이

지하부   地下部   root zone
식물 조직 중 땅속에 있는 부분

착생식물　着生植物　epiphyte
다른 식물이나 물체에 붙어 자라는 식물로 기근과 같은 특별한 기관이
발달해 있기도 함

천공　穿孔　drilling, punching, boring
약제 주입이나 생장량 조사 등을 위해 나무에 구멍을 뚫는 것

천근성　淺根性　shallow rooted
대부분의 측근이 수평으로 자라서 지표 가까이에 넓고 얕게 분포하는 것

천연림　天然林　natural forest
인간의 간섭이 거의 없는 천연상태 그대로의 인공이 가해지지 않은 산림

천적　天敵　natural enemy
특정 생물을 공격하여 죽이거나 번식능력을 저하시키는 다른 종의 생물

초살도　梢殺度　tapering
줄기 상부와 하부의 굵기 차이

침수　浸水　water-logging
다량의 강우나 홍수 등으로 인하여 물속에 잠긴 상태

침투이행성 약제　浸透移行性 藥劑　translocating pesticide
약제가 식물체내로 들어가서 다른 부위로 이행하는 성질을 가진 약제

큰가지, 대형지　大型枝　bough
줄기와 가지 사이의 중간 정도의 굵은 가지

타감물질　他感物質　allelochemicals
타감작용을 위해 생산되는 물질

타감작용　他感作用　allelopathy
식물이 특정 화학물질을 생산하여 다른 식물의 생존을 막거나 성장을
저해하는 작용

토양분석　土壤分析　soil analysis
토양의 여러 가지 특성을 알기 위하여 실시하는 물리적, 화학적 및
생물학적 분석

토양피복 土壤被覆 mulching
식물의 생육을 돕기 위해 토양 표면에 얇게 나무조각, 톱밥, 자갈, 풀 등을
깔아주는 것

통기성 通氣性 aeration
토양 내에 있는 공기의 이동 정도 또는 토양과 대기 사이의 공기의 교환
정도

통도조직 通道組織 vascular tissue
식물체 내에서 수분이나 양분이 이동하는 통로로 구성된 조직

평절 平切 flush cut
줄기와 평행하게 나뭇가지를 바짝 자르는 전정

포장 鋪裝 pavement
식물의 뿌리가 분포되어 있는 지표면을 아스팔트, 시멘트블록, 대리석으로
덮는 것

표토 表土 surface soil, topsoil
토양 단면의 최상위(A층)에 위치하는 토양으로 유기물이나 양분을
함유하고 있으며, 뿌리가 많이 분포함

풍도 風倒 windthrow
나무 등이 바람에 의해 넘어지거나 기운 것

풍해 風害 wind damage
바람에 의한 물리적, 기계적, 생리적 피해

피소 = 수피볕뎀

피압 被壓 suppressed
개체 간 경쟁에서 져서 도태압을 받는 것

피톤치드 phytoncide
나무가 해충과 병균으로부터 자신을 보호하기 위하여 내뿜는 천연 항균
물질

피해목 被害木 damaged tree
어떠한 스트레스를 받아 생장에 이상이 생긴 수목

협근성   狹根性   narrow root
뿌리가 넓게 퍼지지 못하고 좁은 공간에서 자라는 성질

혹, 암종   gall, tumor
줄기나 뿌리 등에서 툭 불거져 나온 것

혼효림   混淆林   mixed forest
침엽수와 활엽수가 혼합되어 있는 산림

화학적방제   化學的防除   chemical control
화학물질을 이용하여 수목의 병해충 등을 방제하는 것

환상박피   環狀剝皮   girdling, ring peeling
나무줄기를 빙 둘러서 수피부를 제거하고 목부는 남겨두는 처리

황화현상   黃化現象   chlorosis
엽록소 부족 등으로 잎이 누렇게 변하는 현상

훈증제   燻蒸劑   fumigant
약제가 상온에서 쉽게 증발하여 가스 상태로 살균, 살충력을 가진 농약

휘감는 뿌리 = 뿌리조임

흙다짐, 답압   土壤踏壓   soil compaction
사람들이 밟는 힘 등으로 토양이 압축되어 토양의 공극률이 작아지는 것

흙덮음 = 복토

제8장

수목관리-일반

가지치기, 전정 剪定 prunning
밀도가 높은 가지를 솎아내거나 고사한 가지와 위험한 가지를 사전에
제거하는 등 수목의 생육이나 사람의 안전을 위해 가지를 자르는 것

간벌 = 솎아베기

고사목 제거 枯死木 除去 dead wooding
죽은 나무를 베어내는 것

고사지 제거 枯死枝 除去 dead branches cut
죽은 가지를 잘라내는 것

골격지 전정 骨格剪定 scaffold prunning
나무의 주된 골격을 유지하고 있는 굵은 가지나 줄기를 남겨놓고 나머지
가지를 제거하여 수형을 교정하는 전정

나무주사, 수간주입, 수간주사 樹幹注入, 樹幹注射
　　　　　　　　　　　　　　tree injection, trunk injection
나무의 병을 치료하거나 영양물질을 공급하기 위하여 나무에 구멍을 뚫고
약액을 주입하는 시업

당김줄 guy
지지력을 보강하기 위해 수간을 주변에 있는 땅이나 구조물과 연결한
철선이나 합성섬유줄

대상시비 = 줄시비, 띠시비

두목전정 頭木剪定 pollard prunning, head pruning, top pruning
나무의 주간과 골격지 등을 짧게 남기고 전봇대 모양으로 잘라 맹아지만
나오게 전정하는 방법

띠시비 = 줄시비, 대상시비

메쌓기 空築 dry masonry
몰탈 또는 점토 등을 사용하지 않고 돌을 쌓는 방법

명거배수 明渠排水 open drainage
지표면으로 도랑을 파서 물이 빠지게 만드는 것

무육   撫育   tending care
임목의 생장촉진과 재질의 향상을 위해 실시하는 작업

받침대, 지지대, 지주   支持擡, 支柱   prop
가지나 줄기 등이 부러지거나 쓰러짐을 방지하기 위해 받쳐주는 목재나
철재 등의 구조물

발근촉진제   發根促進劑   rooting promoter, rooting-accelerator,
rooting stimulant
뿌리 발생을 촉진하고 생리적 활력도를 높이기 위해 토양이나 뿌리에
처리하는 물질

비료주기, 시비   施肥   fertilization, fertilizer application
식물에 인위적으로 비료성분을 공급하여 주는 일

솎아베기, 간벌   間伐   thinning
임목의 건전한 생육을 위해 밀도를 조절하기 위하여 나무를 베어내는 작업

솎음전정 = 수관솎기, 수관조절

쇠조임   bracing
쇠막대기를 이용하여 수간이나 가지를 관통시켜서 약한 분지점을
보완하거나 찢어진 곳을 봉합하는 작업

수간주사 = 나무주사, 수간주입

수간주입 = 나무주사, 수간주사

수관솎기, 솎음전정, 수관조절   樹冠調節   crown thinning
수관의 울폐도 조절을 위하여 적절하게 솎아내는 전정

수관조절 = 수관솎기, 솎음전정

수관축소   樹冠縮小   crown reduction
나무의 안전이나 수형의 교정을 위하여 수관의 크기를 작게 하기 위한 전정

수목보호구조물 = 수목보호틀

수목보호틀, 수목보호구조물   樹木保護構造物   tree care form
물리적 피해로부터 보호하기 위하여 나무 주위로 설치하는 식재틀

수목보호판　樹木保護板　tree care cuirass
토양의 답압을 방지하기 위해 식재틀 위로 덮는 구조물

수피보호대 = 줄기보호대

순지르기, 적순, 적심　摘筍, 摘心　decapitation, topping
줄기에서 뻗어 나오는 가지를 줄여주거나 꽃과 열매의 개체 수를 줄이기
위해 생장점이 있는 새순을 잘라 제거하는 것

숨틀　perforated drain pipe system
복토 또는 답압된 토양 내 뿌리의 호흡장애 개선을 위해 생장공간 전면에
설치하는 유공관 구조물

시비 = 비료주기

암거배수　暗渠排水　tile drainage
지하에 관을 매설하여 지중의 물을 제거하는 배수방식

압력식 나무주사　壓力式 樹幹注射　pressurized injection
나무주사 용기에 압력을 가하여 약액이 잘 들어가게 고안된 방법

엽면시비　葉面施肥　foliar application
식물에 필요한 영양분을 잎을 통해 흡수할 수 있도록 용액상태로 잎에
뿌려주는 것

완효성, 지효성　緩效性, 遲效性　slow-release
오랜 시간 지속적으로 영향을 주지만 효과가 느리게 나타나는 것

위험가지 제거　危險枝除去　hazard pruning
인축 또는 시설물 등에 해를 입힐 수 있는 가지 등을 사전에 제거하는 것

유공관　有孔管　perforated pipe
옆면에 구멍이 많이 뚫려있는 관으로서, 토양에 산소를 공급하기 위하여
사용

유기물　有機物　organic matter
탄소원자를 함유한 고분자 화합물의 총칭

자연표적전정   自然標的剪定   natural target pruning (NTP)
가지밑살과 지피융기선의 각도만큼 이격하여 가지를 절단하는 가지치기
이론

적순 = 순지르기, 적심

적심 = 순지르기, 적순

전정 = 가지치기

줄기보호대, 수피보호대   樹皮保護帶   tree guard
사람이나 동물, 장비 등에 의해 줄기가 상처받지 않도록 줄기를 감싸는
구조물

줄당김   cabling
나무의 갈라짐, 부러짐 방지를 위하여 와이어 등으로 서로 잡아당겨 주는
방법

줄시비, 띠시비, 대상시비   帶狀施肥   band application
줄 또는 띠 모양으로 비료를 주는 방법

중력식 나무주사   重力式 樹幹注射   gravitational injection
약액이 중력의 힘에 의해 수간의 천공으로 들어가도록 주입하는 나무주사
방법

지주 = 받침대, 지지대

지지대 = 받침대, 지주

지하고 전정   枝下高 剪定   crown lifting, crown canopy lifting
수관 아래가지를 잘라내어 지하고를 높이는 전정

지효성 = 완효성

찰쌓기   練築   wet masonry
몰탈 또는 점토 등의 접합재를 돌 사이에 채워 넣으며 돌을 쌓는 방법

토양개량   土壤改良   soil improvement, soil amendment
물리적, 화학적, 생물학적으로 건전하지 못한 토양을 개선시키는 작업

토양관주 土壤灌注 soil injection
약제 주입기 등을 이용하여 약액을 토양에 주입하는 방법으로 약제처리나
관수에 이용되는 방법

토양교반 = 토양혼화

토양소독 土壤消毒 soil disinfection
토양 속의 병원균, 부후균, 해충 등을 제거하기 위한 물리적, 화학적 작업

토양제거 土壤除去 soil removal
복토된 흙을 걷어 내거나 뿌리수술 등을 위해 수관의 바깥쪽에서 안쪽으로
흙을 걷어내는 것

토양혼화, 토양교반 土壤混化, 土壤攪拌 ground stirring, soil stirring
토양을 개량하기 위하여 처리한 물질이 토양 전반에 고르게 퍼지도록
토양과 잘 섞어주는 방법

토양훈증 土壤燻蒸 soil fumigation
휘발성이 있는 약제를 토양에 처리한 후 발생되는 가스에 의해 토양을
소독하는 방법

퇴비처리 堆肥處理 compost disposal
짚이나 낙엽 등을 썩혀서 만든 퇴비를 지면에 고르게 살포하거나 토양과
혼합하여 식물체가 이용할 수 있도록 조치하는 것

하층식생정리 下層植生整理 understory vegetation removal
교목류의 건강에 부정적인 영향을 주는 관목이나 초본류를 제거하거나
솎아내어 밀도를 조절하는 작업

활성탄 活性炭 activated charcoal, activated carbon
탄소질로 이루어져 흡착성이 강한 물질

제**9**장

수목관리-상처

가지치기, 전정   剪定   pruning
밀도가 높은 가지를 솎거나 고사한 가지와 위험한 가지를 사전에 제거하는
등 수목의 생육을 위해 가지를 자르는 작업

갈라짐, 균열   龜裂   crack
쪼개지거나 금이 간 상태

갈색부후균   褐色腐朽菌   brown rot fungi
목재를 썩히는 곰팡이류로서 리그닌을 완전히 분해하지는 못하고
셀룰로오즈만 분해하여 이용하여 목재가 갈색으로 변하게 만듦

건전재   健全材   sound wood
이상이 없는 목재

공동   空洞   cavity
목부조직이 부후되어 만들어진 빈 공간

공동충전   空洞充塡   cavity filling
목재에 발생한 공동에 시멘트, 목재, 고무밀랍, 흙, 에폭시수지,
우레탄고무, 폴리우레탄폼 등 충전제를 사용하여 공동을 메우는 공정

구획화   區劃化   compartmentalization
식물 조직 내에서 병원균이나 목재부후균이 퍼지는 것을 막기 위하여
기주식물 자체가 생화학적으로 방어벽을 구축하는 현상

균열 = 갈라짐

근주부후균   根株腐朽菌   butt rot fungi
뿌리에 침입해 뿌리와 줄기의 중심부에 부후를 일으키는 병원균

나무껍질, 수피   樹皮   bark
목질부보다 더 바깥쪽에 있는 조직 모두를 일컫는 용어

넘어짐, 도복   倒伏   lodging
비, 바람, 눈, 외부작용 등에 의해 식물이 쓰러지는 현상

누더기수피   tatters bark
너덜너덜한 수피

단근처리, 뿌리자르기 斷根處理 root cut treatment
고사가 진행 중인 뿌리를 건전한 부위에서 잘라내는 작업

당김줄 guy
지지력을 보강하기 위해 수간과 주변에 있는 땅이나 구조물 사이를 연결한
철선이나 합성섬유줄

도복 = 넘어짐

도포 塗布 spread
어떤 물질을 표면에 발라 덮어 씌우는 작업

도포제 塗布劑 dressing, ointment
형성층이나 상처부위 등 표면에 바르는 제형

뒤틀림 = 비틀림

매트처리 mat treatment
공동충전부의 파손 및 병해충 침투를 방지하기 위한 공정으로 부직포와
에폭시수지를 이용함

목부, 물관부 木部 xylem
유관속의 구성요소의 하나로서 도관, 가도관, 목부섬유, 목부 유조직
등으로 되어 있는 복합조직으로 수분과 양분의 통로이면서 나무의 기계적
지지의 역할을 함

목재 木材 wood
형성층 내측에 있는 각종 세포의 집합체

목재부후 木材腐朽 wood-rotting, wood decay
목재조직이 부후균에 의해 분해되는 현상

목재부후균 木材腐朽菌 wood-rotting fungi
균사가 목재의 조직 중에 침입하여 셀룰로오스나 리그닌 등의 목재
구성물질을 분해하여 영양원으로 생활하는 균류의 총칭

물관부 = 목부

반응구역   反應區域   reaction zone, reaction wood
감염부를 둘러싸 격리시키는 방법으로 수목이 미생물의 진전을 적극적으로
억제하는 변재 내의 구역

받침대, 지지대, 지주   支持擡, 支柱   prop
가지가 부러지거나 찢어지는 것을 방지하기 위해 가지를 밑에서 받쳐주는
구조물로 I자형, A자형, H자형 등이 있음

발근제처리   發根劑處理   rooting compounds treatment
뿌리 발생을 촉진하는 물질을 처리하는 작업

발포성 수지   發泡性樹脂   foamed resin
주제와 발포경화제가 화학반응하면 가스가 발생하여 부피가 팽창하는 수지

방부제   防腐劑   antiseptic, preservative
목재가 썩는 것을 방지하기 위해 사용하는 약제

방부처리   防腐處理   preservative treatment
목재가 썩는 것을 방지하기 위해 방부제 등을 처리하는 작업

방사균열   放射龜裂   radial crack
방사조직과 평행하게 발생하는 목재가 분리되는 것으로 연륜균열에서
시작되어 바깥으로 연장되며 수피에 이름

방수처리   防水處理   waterproofing treatment
목질부 내로 수분이 침투하는 것을 방지하기 위해서 에폭시 수지나 실리콘
등 방수제를 처리하는 공정

방어벽1   防禦壁 1   wall 1
병원균이 목부의 위아래 방향으로 진행되는 것을 막기 위해 형성되는
방어벽으로 방어벽 중 가장 약함

방어벽2   防禦壁 2   wall 2
병원균이 목부 중심방향으로 진행되는 것을 막기 위해서 형성되는
방어벽으로 방어벽1 보다는 강함

방어벽3   防禦壁 3   wall 3
병원균이 수간 둘레로 진행되는 것을 막기 위해서 방사조직에 의해
형성되는 방어벽으로 방어벽2 보다 강함

방어벽4   防禦壁 4   wall 4
상처에 반응하여 형성층에서 형성된 방어벽으로 방어벽 중 가장 강함

백색부후균   白色腐朽菌   white rot fungi
목질부의 주성분인 리그닌과 헤미셀룰로오즈, 셀룰로오즈 등 모든 성분을
분해하여 이용하는 곰팡이

변색   變色   discoloration
균 또는 열, 풍화 등에 의해 색 변한 것

변색재   變色材   discoloration wood
부후균의 감염 등으로 인하여 변색된 목재부분

변재부후균   邊材腐朽菌   sapwood rot fungi
지상부 줄기를 침입해 변재까지 부후를 일으키는 병원균

보호창 설치   保護窓設置   protection bar installation
공동 내부의 과습을 막고, 수시로 점검 가능하도록 철창 등을 설치하는 것

부러짐, 절단   切斷   breaking
가지나 줄기가 외부작용에 의해 목재섬유조직의 결과 직각방향으로
끊어지는 현상

부름켜, 형성층   形成層   cambium
줄기 및 뿌리의 목부와 사부 사이에 있는 분열세포가 열상 또는 판상으로
배열하는 세포군

부름켜매몰   形成層埋沒   cambium inclusion
상처 치료에서 최종 표면처리 위치가 기존 수피위치와 같거나 높아
부름켜가 덮여있는 상태

부직포   不織布   felt
베틀에 짜지 아니하고 섬유를 적당히 배열하여 접착제나 섬유 자체의
밀착력이나 섬유들의 엉킴을 이용하여 서로 접합한 시트 모양의 천

부풀음, 융기   隆起   swelling
공동충전제를 충분히 양생하지 않은 상태에서 다음 작업을 실시하여
충전제에서 발생한 열과 가스가 인공수피 또는 산화방지처리부분을
밀어내어 처리시보다 부풀어 오른 상태

부후부 제거, 부패부 제거 腐朽部 除去, 腐敗部 除去
rotting wood removal, removal of rotten part
부후된 부분을 제거하는 것으로서 방화벽이 형성된 변색재나 건전재는
제거하지 않음

부후재 rotting wood
목재가 썩어 푸석푸석한 부분

불포화 폴리에스테르 수지 unsaturated polyester resin
공동충전제 중 하나로 에폭시수지보다 저렴하고 경화속도가 빨라
작업공정이 유리하나 굴절강도, 기계적강도, 접착력, 내구성은
에폭시수지보다 떨어지는 자재

비틀림, 뒤틀림 twist, warp
목재 섬유조직이 선형으로 꼬이거나 틀어지는 것

뿌리박피 根剝皮 root barking
뿌리의 수피를 제거하여 세근 발생을 유도하는 작업

뿌리수술 根手術 root surgery
상처발생, 뿌리기능 저하 또는 뿌리 쇠약 등을 개선하기 위하여 토양제거,
뿌리조사, 뿌리박피, 단근처리, 토양소독, 발근제 처리, 유합조직형성
촉진제 처리, 토양개량, 유공관 설치, 자갈넣기 등을 하는 작업

뿌리자르기 = 단근처리

뿌리조사 root survey
뿌리의 분포상태, 생장상태, 고사여부를 확인하는 작업

산화방지처리 酸化防止處理 photooxidation prevention treatment
인공수피가 태양광선에 산화되는 것을 막고 수목의 수피와 비슷한 효과를
내도록 하는 작업

살균처리 殺菌處理 fungicide treatment
알코올, 포르말린, 크레오소트, 승홍, 콜탈 등을 사용하여 상처부위의 균을
없애는 작업

살충처리 殺蟲處理 insecticide treatment
천공성해충 및 개미류를 막기 위해서 상처부위에 페니트로치온과
다이아지논 등 살충제를 희석살포하는 작업

살포 撒布 spaying
살균, 살충, 방부처리 시 액제를 표면에 흩어 뿌리는 방법

상구조직 = 유합조직

상처유합 傷處癒合 wound closure
상처 위로 유합조직과 새살을 형성하는 과정

상처치유재 = 새살

새살, 상처치유재 傷處治癒材 woundwood
상처를 덮기 위하여 주위에 형성되는 목질조직

손적층법 手工積層法 hand lay up method
인공수피 처리 시 코르크 반죽을 피해 상태에 따라 손으로 접착하고
자유롭게 성형하는 방법

쇠조임 bracing
쇠막대기를 수간이나 가지에 관통시키고 고정하여 약한 분지점을
보완하거나 찢어진 곳을 봉합하는 작업

수목상처치료 樹木傷處治療 tree wound therapy, tree surgery
부후부제거, 살균, 살충, 방부처리, 공동충전, 보호창 설치, 뿌리수술,
가지치기, 받침대, 줄당김 및 쇠조임 등을 상처를 치료하기 위한 작업

수액유출 樹液流出 sap exudation, sap gumming
상처 등으로 인해 수액이 밖으로 흘러나오는 것

수피 = 나무껍질

수피매몰 樹皮埋沒 bark inclusion
인접한 줄기 또는 가지와 수간 사이에 끼어 있는 수피로, 가지와 수간 깃의
결합을 막거나 줄이고, 지피융기선 형성에 지장이 있으므로 취약한
연결부위의 징후임

수피탈락   樹皮脫落   bark abscission
수피가 목부에서 떨어져 나간상태

수피터짐   樹皮破裂   bark burst
목부가 비대해져 수피 일부가 부분적으로 갈라지는 현상

수피함몰   樹皮陷沒   bark dent
수피는 붙어 있으나 수피안쪽 형성층이 파괴되어서 주변부보다 안쪽으로
들어간 상태

숨틀설치 = 유공관설치

실리콘   silicone
방수처리, 인공수피처리, 산화방지처리 시 사용하는 고분자 물질

심재부후균   心材腐朽菌   heartwood rot fungi
지상부 줄기의 심재까지 침입해 부후를 일으키는 병원균

에틸알코올   ethyl alcohol
살균처리에 주로 사용하는 소독제로서 주로 70%로 사용함

에폭시수지   epoxy resin
접착력, 내수성, 내구성, 강도가 우수하여 방수, 인공수피, 산화방지 처리
등에 주로 사용하는 합성수지

연륜균열   年輪龜裂   ring crack
나이테를 따라 만들어지는 균열

연부균   軟腐菌   soft rot fungi
세포벽의 특정부분만 공격하여 무르게 만드는 부후균으로 주로 흙에 닿은
목재면에서 잘 나타나며, 포화수분상태에서 진행됨

열상 = 찢긴상처

우레탄 고무   urethane rubber
내후성, 내충격성, 강도, 목재와 접착력 등이 우수하여 공동충전제로 많이
사용하나 값이 비쌈

유공관설치, 숨틀설치 有孔管設置 perforated pipe installation
근권의 통기성을 개선하기 위한 유공관을 토양에 설치하는 작업

유합조직, 상구조직 癒合組織, 傷口組織 callus
식물체가 상처를 치유하기 위하여 만드는 조직

유합조직형성촉진제 癒合組織 形成促進劑 callus formation promoter
상처의 유합조직 형성을 돕는 물질

융기 = 부풀음

인공수피 人工樹皮 artificial bark
코르크분말을 에폭시수지나 실리콘과 혼합하여 만든 수피

인공수피처리 人工樹皮處理 artificial bark treatment
공동충전제가 외부충격이나 햇빛에 산화되는 것을 방지하고 소실된 수피를
복구하기 위하여 표면에 인공수피를 덧붙이는 공정

자갈넣기 gravel paving
수목 주변 지표면 위로 성토할 경우 근권의 통기성에 영향이 없는 자갈로
성토하는 작업

전정 = 가지치기

절단 = 부러짐

줄당김 cabling
가지가 부러지거나 찢어지는 것을 방지하기 위해 철선을 이용하여 가지와
가지 사이 혹은 가지와 수간사이를 서로 붙들어 매어 주는 방법으로,
관통형과 밴드형이 있음

지저깨비 a chip of wood
나무를 깎거나 다듬을 때에 생기는 잔조각

지주 = 받침대, 지지대

지지대 = 받침대, 지주

찢긴상처, 열상 裂傷 laceration
찢어져서 만들어진 상처

찢어짐   tearing
목재섬유조직 결대로 나눠지는 현상

천공   穿孔   hole
목질부에 발생한 구멍

청변균   靑變菌   blue staining fungi
목질부를 변색시키는 곰팡이로서 목재부후균 보다는 시들음병균에 가까움

코르크   cork
외수피를 이루고 있는 조직으로 죽은 세포들로 구성되어 있음

탈락   脫落   abscission
상처치료 표면 처리층이 떨어져 나간상태

턴버클   turnbuckle
줄당김이나 당김줄 설치 시 철선을 연결하여 철선을 당겨줄 때 쓰는 자재

토양개량   土壤改良   soil improvement, soil amendment
물리적, 화학적, 생물학적으로 건전하지 못한 토양을 개선시키는 작업

토양소독   土壤消毒   soil disinfection
토양속의 병원균, 부후균, 해충 등을 제거하기 위한 작업

토양제거   土壤除去   soil removal
복토된 흙은 걷어 내거나 뿌리수술 등을 위해 수관의 바깥쪽에서 안쪽으로
흙을 걷어내는 것

틈새   gap
잘못된 접착에 의해 목질부와 상처치료부위가 벌어진 것

파손   破損   damage
상처치료 부위의 갈라짐, 부플음, 변색, 천공, 틈새, 탈락, 수액유출,
부름켜매몰 등으로 상처치료의 기능적, 미적 목적이 상실된 상태의 총칭

폴리우레탄폼   polyurethane foam
발포성이 좋아 요철부위까지 메워주므로 공동 내부충전에 많이 사용하는
충전제

표피성형처리   表皮成形處理   artificial epidermis treatment
상처 치료 후 기존 수목의 표피를 인공적으로 제작하여 치료부위에
부착하는 공정

형성층 = 부름켜

제 10장

수목관리-보호제

감염률, 발병률, 이병률 感染率, 發病率, 罹病率 infection rate, disease occurrence, disease incidence
병의 세기를 측정하는 단위로 주로 식물체의 전체 주수 당 발병 주수를 근거로 함

감염엽률 = 이병엽률, 발병엽률

경구독성 經口毒性 oral toxicity
약물을 먹었을 때 생체기능장애 또는 기관조직변화가 나타나는 독성

경엽살포 莖葉撒布 foliar and twig spray, application
식물체의 수관부 잎과 줄기에 살포하는 방식

경종적 방제, 재배적 방제 耕種的 防除, 栽培的 防除 cultural control
경종 방법 등 재배환경을 조절하여 병이나 잡초를 줄이는 방법

경피독성 經皮毒性 dermal toxicity
피부에 접촉된 약물이 체내로 흡수되어 기능적 장해 및 조직변화를 일으키는 독성

계면활성제 界面活性劑 surfactant
계면에 흡착되어 그 표면장력을 낮추는 물질

계통 系統 strain, line, pedigree
일정한 체계에 따라 서로 관련되어 있는 부분들의 통일적 조직

고독성 高毒性 high toxicity
생물에 큰 해악을 끼칠 정도로 매우 높은 독성

고착제 固着劑 sticking agent
약물을 식물체에 잘 부착시키고 유실을 적게 하는 목적으로 가용하는 보조제

곤충불임기술 昆蟲不姙技術 sterile insect technique (SIT)
해충의 밀도 조절을 위하여 후대생산을 방지하는 기술

과립수용제 顆粒水溶劑 water soluble granule (SG)
농약 주성분이 물에 대한 용해도가 높아 입상이나 정제를 만들어 사용하는 제제

과립수화제 顆粒水和劑   water dispersible granule (WG)
수화제 및 액상수화제의 단점을 보완하기 위하여 과립형태로 제제한
수화제의 일종

광분해 光分解   photolysis
빛에 의해 일어나는 물질의 분해반응

교차저항성 交叉抵抗性   cross resistance
두 가지 요인에 대하여 동시에 저항성을 나타내는 현상

구제 驅除   extermination, eradication
몰아내거나 없앰

급성독성 急性毒性   acute toxicity
생체에 흡수되었을 때 단시간 안에 나타나는 독성

기계적 방제, 물리적 방제   機械的 防除, 物理的 防除
　　　　　　　　　　　　　　mechanical control, physical control
맨손 또는 기계 등 물리적 수단을 이용하거나 환경조건을 변화시켜
방제하는 방법

기피제 忌避劑   repellent
해충이나 작은 동물에 자극을 주어 가까이 오지 못하도록 하는 약제

나무주사, 수간주사, 수간주입   樹幹注射, 樹幹注入
　　　　　　　　　　　　　　　tree injection, trunk injection
나무의 병을 치료하거나 영양물질을 공급하기 위하여 나무에 구멍을 뚫고
약액을 주입하는 시업

나무주사기 = 수간주입기, 수간주사기

내성 耐性   tolerance
병원체에 감염되었거나 환경스트레스를 받아도 심한 피해 또는 손실
없이 견디어 내는 기주의 능력

농약잔류 農藥殘留   pesticides residue
식물의 병·해충방제 또는 제초 등을 위하여 사용된 농약의 성분이 식물
또는 토양에 남아있는 것

도포제 塗布劑 paste
표면에 발라 주도록 만들어진 제형

만성독성 慢性毒性 chronic toxicity
평상시에는 치명적이지 않아도 장기간 노출하면 발생하는 독성

맹독성 猛毒性 extremely high toxicity
독성의 정도에 따른 분류 중에서 가장 높은 단계의 독성

물리적 방제 = 기계적 방제

미립제 微粒劑 microgranule (MG)
미세한 입자의 비산을 방지하기 위하여 75~201mesh의 입경으로 제조한
제제

미생물 농약, 미생물 제제 微生物農藥, 微生物製劑
microbial pesticide, microorganism product
해충, 식물병원균, 잡초 등의 유해생물에 의한 피해를 방제하기 위하여
미생물로 만든 제제

미생물제제 = 미생물 농약

미탁제 微濁劑 microemulsion (ME)
분산입자의 크기가 미세하며 표면장력이 낮은 제형

반수생존한계농도 半數生存限界濃度 median tolerance limit
어떤 독성물질을 흡입한 생물의 50%가 죽는 농도

반수치사농도 = LC_{50}

반수치사량 = LD_{50}

발근제 發根劑 rooting compounds
뿌리의 생성 및 생육을 촉진하는 식물생장조절제

발병률 = 감염률, 이병률

발병엽률 = 이병엽률, 감염엽률

방제 防除 control
수목에 피해를 주는 각종 병해충을 예방하고 구제하는 것

방제가 防除價 control value
병해충에 대한 농약의 방제효과를 표시하는 수치

법적 방제 法的 防除 legal control
법령에 근거하여 실시하는 방제

보습제 保濕劑 wetting agent
수분을 함유하고 있다가 주변의 수분함량이 낮아지면 보유하고 있는 수분을 주변으로 방출하는 물질

보조제 補助劑 supplement agent
유효성분의 효력을 증진시키기 위해 사용하는 약제

보통독성 普通毒性 moderate toxicity
독성의 정도에 따른 분류 중에서 보통 단계의 독성

보호살균제 保護殺菌劑 protective fungicide
병원균이 식물체에 침투하는 것을 막기 위하여 침투 전에 사용하는 약제

복합저항성 複合抵抗性 multiple resistance
2종 이상의 요인 또는 요소에 대해 동시에 저항성을 나타내는 것

분산성 액제 分散性 液劑 dispersible concentrate (DC)
물에 용해되기 어려운 농약원제를 계면활성제와 함께 녹여 만든 제형

분제 粉劑 dust, dispersible powder (DP)
원제를 다량의 중량제와 물리성 개량제, 분해방지제 등과 균일하게 혼합, 분쇄한 제제

분해방지제 分解防止劑 stabilizer
농약제제 중 유효성분이 저장 중 분해되는 것을 방지하기 위해 제제시 첨가하는 물질

사충률 死蟲率 mortality
살충제 또는 곤충의 살충 시험에 있어서 공시충에 대한 죽은 곤충의 비율

살균제 殺菌劑 fungicide
곰팡이에 독성이 있는 물질

살비제, 살응애제 殺蜱濟 acaricide, miticide
응애를 죽이거나 생장을 억제하는 화합물 또는 물리적 요인

살선충제 殺線蟲劑 nematicide
선충을 죽이거나 억제하는 물질

살세균제 殺細菌劑 bactericide
세균을 죽이는 화학물질

살응애제 = 살비제

살충제 殺蟲劑 insecticide
곤충을 죽이는 성분을 함유한 작물보호제

살포 撒布 spraying
액체나 기체 상태로 공중으로 뿜어서 뿌리는 것

살포액 撒布液 application liquid
관개, 방제, 시비 기타의 살포에 사용되는 액제

상표명 商標名 trade name
시중에 판매하는 수목보호제(농약)의 상표 이름으로 제조사가 제제별로
붙임

생물농약 生物農藥 biotic pesticide
천적이나 미생물 등 살아있는 생물을 이용하여 화학농약과 같은 형태로
살포 또는 방사하여 병해충 및 잡초를 방제하는 약제

생물적 방제 生物的 防除 biological control
천적곤충, 천적미생물, 길항미생물 등의 생물적 수단을 사용하여 병해충을
구제하는 것

생장조절제 生長調節劑 growth regulating substance,
growth regulator
생리작용을 하는 호르몬성의 약제

생충률 生蟲率
살충제 또는 곤충의 살충 시험에 있어서 공시충에 대한 살아있는 곤충의
비율

생태저항성 生態抵抗性 ecological resistance
살충제에 대한 습성적 반응이 변화하여 치사량 접촉을 피할 수 있는 능력

생태적 방제 生態的 防除 ecological control
생태계의 균형을 해치지 않으면서 천적 이용 등 생태적인 방법으로 해충을
방제하는 방법

선택성 제초제 選擇性 除草劑 selective herbicide
잡초의 종류에 따라서 작용력이 다른 제초제

소화중독제 消化中毒劑 stomach poison
곤충의 입을 통하여 체내로 들어가 소화 기관으로 흡수되어 중독 작용을
일으켜 죽게 하는 살충제

수간주사기 = 수간주입기, 나무주사기

수간주입기, 수간주사기, 나무주사기 樹幹注入器, 樹幹注射器
trunk injector
수목의 병해충 및 영양분을 공급하기 위하여 수간부에 약액을 주입할 수
있도록 만든 기구

수관살포 樹冠撒布 canopy application
수관과 초관을 대상으로 약액을 작은 방울로 뿌리는 방법

수용제 水溶劑 water soluble powder (SP)
농약주성분이 물에 대한 용해도가 높아 입상이나 정제를 만들어 사용하는
제제

수화제 水和劑 wettable powder (WP)
물에 녹지 않는 농약 원제를 점토나 규조토를 증량제로 하여 계면활성제와
분산제를 가하여 제제화한 것

아급성독성 亞急性毒性 subacute toxicity
흡수 또는 흡입한 뒤 1~3개월 사이에 생체의 기능 혹은 조직에 장해를
주는 성질

액상수화제 液相水和劑 suspension concentrate (SC)
수화제와 같은 약제지만 액체 상태로 만들어진 제제

액제 液劑 soluble concentrate (SL)
수용성의 유효성분과 계면활성제 등의 보조제를 물에 용해시킨 제제

약량 藥量 dose
약을 쓰는 분량

약제방제 藥劑防除 chemical control
주로 약제의 화학적 작용을 이용하여 병해충을 방제하는 방법

약해 藥害 chemical injury, phytotoxicity
약물에 의해 식물에 나타나는 생리적 장애로 식물조직의 파괴, 광합성 및
호흡작용 등의 생리활동을 방해 함

약효지속성 藥效持續性 remedial effect durability
사용한 약제의 효력이 지속되는 성질

어독성 魚毒性 fish toxicity
물에 용해되거나 물에 포함되어 어패류 등의 수생동물에게 해를 가하는
성질

LD_{50}, 반수치사량 半數致死量 lethal dose 50
약물을 실험동물에 투여했을 때 투여된 동물개체의 반이 죽는 약제의 양

LC_{50}, 반수치사농도 半數致死濃度 lethal concentration 50
약물을 실험동물에 투여했을 때 투여된 동물개체의 반이 죽는 약제의 농도

연무기 煙霧機 fog machine
액제를 응축법 또는 분산법에 의하여 공중에 부유하는 상태의 에어러졸을
발생시켜 널리 살포하는 기계

연무제 煙霧劑 aerosol (AE)
에어러졸 상태로 처리하는 약제로 주로 연무기를 사용하여 처리함

예방 豫防 prevention
예상되는 악화에 미리 대비하는 것

오일제 oil miscible liquid (OL)
수목보호제를 기름에 용해하고 살포시 유기용제에 희석하여 살포할 수
있도록 만든 제형

용제 溶劑 solvent
유제나 액제와 같은 액상의 농약을 제조할 때 원제를 녹이기 위하여
사용하는 용매

유기농자재 有機農資材 organic agricultural materials
화학 비료나 농약을 쓰지 아니하고 유기물을 이용하는 농업생산에
사용하는 재료

유인제 誘引劑 attracting agent
해충을 유인할 목적으로 사용하는 물질

유전적 방제 遺傳的 防除 genetic control
유전적 결함을 가진 개체와 건전개체 사이의 자손에게 생활력을 없게 하여
개체수를 감소시키는 방제법

유제 乳劑 emulsifiable concentrate (EC)
농약의 주제를 용제에 녹여 유화제로 하고, 계면활성제를 가하여 제조한
농약 제제

유탁제 乳濁劑 emulsion in water (EW)
유제에 상용되는 유기용제를 줄이기 위한 방안으로 개발된 제형

유효성분 有效成分 active ingredient
제품의 주가 되는 성분물질로서 목적하는 대상에 효력을 내는 물질

이병률 = 감염률, 발병률

이병엽률, 감염엽률, 발병엽률 罹病葉率, 感染葉率, 發病葉率
병의 세기를 측정하는 단위로, 전체 잎에 대한 감염된 잎의 비율

일반명 一般名 common name
농약의 특성을 나타내며 국제적으로 통용되는 대표적 이름

임업적 방제 林業的 防除 forestry control
갱신, 무육, 벌채 등 병해충 발생에 불리하도록 하는 각종 산림의 시업을
이용한 방제

입상수화제 粒狀水和劑 granule wettable powder (GW)
작은 덩어리 가루 형태로 되어있는 수화제

입제 粒劑 granule (G)
농약의 형태로 대체로 8~60메시(입자지름 약 0.5-2.5mm) 범위의 작은 입자로 된 농약

자연저항성 自然抵抗性 natural resistance
어떤 생물의 유전적 체질에 근거하는 면역

잔류독성 殘留毒性 residual toxicity
병해충 방제 등을 위한 독성물질이 토양에 집적되거나 먹이사슬을 따라 이행하는 농약 잔류성분에 의한 독성

잔류제초제 殘留除草劑 residual herbiside
농작물이나 토양에 잔류하는 제초제의 성분이나 그것의 화학적 변화물질

재배적 방제 = 경종적 방제

저독성 低毒性 low toxicity
독성의 정도에 따른 분류중 독성이 낮은 성질

저항성 抵抗性 resistance
피해요인 또는 병원체의 영향을 완전히 또는 어느 정도 배제시키거나 극복할 수 있는 기주식물의 능력

전착제 展着劑 spreader
농약 중 에멀션·수화제·액제를 첨가하여 살포액의 물리성을 향상시키는 물질

접착제 接着劑 adhesive
두 물체를 서로 접합하는 데 사용하는 물질

접촉독 接觸毒 contact poison
약물의 접촉에 의해서 독작용을 일으키는 것

접촉제 接觸劑 contact insecticide
곤충의 체표면으로 부터 피부나 기문을 통하여 체내에 들어와 곤충을 죽게 하는 약제

정량 定量 fixed quantity
일정하게 정하여진 분량

정제 錠劑 tablet (TB)
특수한 목적으로 소량 투입되는 농약을 대상으로 하여 알약 형태로 만든
제형

제초제 除草劑 herbicide
잡초를 선택적 혹은 비선택적으로 제거하는데 사용되는 약제

제초제피해 除草劑 被害 herbicide damage
제초제를 사용하였을 때 그 성분이 비산 또는 토양 내로 들어가 다른
생물에 피해증상이 나오는 것

제형 劑形 formulation
농약제제의 종류를 형태나 특징 등에 의하여 나타내는 분류의 명칭

종자소독제 種子消毒劑 seed disinfectant
종자에 부착되어 있는 식물 병원균을 살균 내지 멸균하기 위해 사용하는 약제

종합적 방제 綜合的 防除 Integrated pest management (IPM)
모든 방제수단을 이용하여 병해충 밀도를 경제적 피해 수준이하로
억제·유지하는 것

직접살균제 直接殺菌劑 eradicant
병균의 침입을 막는 것은 물론 식물에 이미 침입되어 있는 병균을 죽이는데
쓰이는 약제

침달성 浸達性 impregnation attainment
약제의 성분이 작용부위에 도달하는 성질

침투성 농약 浸透性 農藥 systemic pesticide
살포한 약제가 식물체 내로 침투되어 전체에 퍼지게 하여 효과를 나타내는
농약

침투성 살균제 浸透性 殺菌劑 systemic fungicide
살포한 약제가 식물체 내로 침투되어 전체에 퍼지게 하여 살균효과를
나타내는 약제

침투성 살충제 浸透性 殺蟲劑 systemic insecticide
살포한 약제가 식물체 내로 침투되어 전체에 퍼지게 하여 살충효과를
나타내는 약제

침투이행성 浸透移行性 penetrationandtraslocation
약제가 식물체내에 들어가서 다른 부위로 이행하는 성질

캡슐현탁제 캡슐懸濁劑 capsule suspension (SC)
미세한 농약원제의 입자에 고분자 물질을 얇은 막 형태로 피복하여 만든
제형

탈피억제제 脫皮抑制劑 insect growth regulator (IGR)
접촉 또는 섭취 시 탈피가 정상적으로 이루어지지 않아 죽게하는 물질

토양살균제 土壤殺菌劑 soil disinfectant
토양에 있는 병원균을 죽이는 약제

판상줄제 板狀─劑 sheer formulation (SF)
원예식물 재배에 사용하기 위하여 개발된 얇은 판 또는 띠모양의 제형

품목명 品目名 item name
수목보호제의 제제화와 관련하여 붙여진 이름으로 농약등록 시 사용하는
간단한 명칭

합제 合劑
두 가지 이상의 성분을 혼합하여 만든 제제

항공살포 航空撒布 aerial application
비행기나 헬리콥터 등의 항공기에서 약제 등을 살포하는 것

협력제 協力劑 synergist
자체로는 효력이 없으나 약제에 섞어서 사용하면 주제의 효력을 증강하는
약제

혼합제 混合劑 combined pesticide
두 종류이상의 유효성분을 함유하는 제제

화학명 化學名 chemical name
물질에 화학구조에 따라 붙여지는 과학적, 전문적 이름

화학불임제 化學不稔劑 chemosterillant
해충의 먹이에 약제를 가해서 수컷이나 암컷이 불임이 되게 하여 번식을
방제하는 약제

화학적 방제   化學的 防除   chemical control
화학물질을 이용하여 수목의 병해충 등을 방제하는 것

활성제   活性劑   activator
수목보호제의 약효 증진을 위한 첨가제

획득저항성   獲得抵抗性   acquired resistance
미생물을 접종하거나 화학물질을 처리한 후에 활성화되는 식물체의 병
저항성

훈연제   燻煙劑   smoking generator (FU)
농약의 유효성분을 가열하여 연기 상태로 분산시켜서 살충, 살균하는 제제

훈증법   燻蒸法   fumigation
농약의 유효성분을 증기 상태로 분산시켜서 살충, 살균하는 방법

훈증제   燻蒸劑   fumigant
약제가 상온에서 쉽게 증발하여 가스 상태로 바뀌는 제제

흡입독성   吸入毒性   inhalant toxicity
호흡 시에 가루나 가스가 몸 안으로 들어가 독작용을 일으키는 성질

희석   稀釋   dilution
물질의 용액 농도를 묽게 하는 것

제 11 장

기자재

고지낫
긴 막대 끝에 낫을 붙여서 높은 가지를 채취할 때 쓰는 도구

광학현미경   光學顯微鏡   optical microscope
물체를 통과한 빛을 렌즈 조합을 이용하여 크게 확대하여 미세한 물체도 볼 수 있도록 하는 기구

기계톱   链锯   chainsaw
동력으로 톱날을 움직여서 나무를 절단하는 데 사용되는 도구

끌   chisel
정형할 때 쓰는 도구로서 평끌, 둥근끌 등이 있음

동력분무기   動力噴霧器   powersprayer
원동기에 부착하거나 별개의 원동기에 의해 구동되는 형식의 분무기

루페   lupe
볼록렌즈 같은 작업용 확대경

망치   hammer
정형할 때 쓰는 도구

분무기   噴霧機   sprayer
압력을 주어서 약액이 노즐을 통과하며 안개 모양으로 살포되게 하는 기구

사다리   ladder
가지치기 등을 목적으로 수관에 닿을 수 있도록 설치되거나, 나무에 기대거나 매달아서 나무에 오르고 내리는데 사용되는 도구

샤이고미터, 수목활력도측정기, 수목전기저항계   shigometer
전기전도도로써 나무의 활력도와 부후도를 측정하는 기기

수간내부측정기
수간 내부의 건전, 부후, 공동상태 등을 측정하는 장비

수목전기저항계 = 샤이고미터, 수목활력도측정기

수목활력도측정기 = 샤이고미터, 수목전기저항계

실체현미경 實體顯微鏡 stereoscopic microscope
비교적 낮은 배율로 물체의 실제 모습(주로 겉모습)을 관찰하는 현미경

심토파쇄기 深土破碎機
표토 내외에 형성된 단단하고 두꺼운 토층인 경반층을 파쇄하거나 산소
등을 공급하는 기계

엔진톱, 체인톱 chain saw
부후부 제거 또는 정형할 때 쓰는 장비로, 동력에 의해 톱날이 움직이도록
되어 있음

예초기 刈草機 grass cutter
풀 깎는 기계

ec미터, 전기전도도측정계 電氣傳導度測定計 EC meter
토양의 전기전도도를 측정하는 장비

재단기 裁斷機 hedge trimmer
관목을 울타리나 일정한 형태로 가꾸기 위해 전정하는 기계

전정가위 剪定鋏 prunning scissors
비교적 작은 가지를 절단하는 데 사용되는 가위

전정톱 剪定鋸 prunning saw
비교적 굵은 가지를 절단하는 데 사용되는 톱

천공기 穿孔機 drill
쇠조임이나 줄당김을 할 때 줄기나 가지에 볼트를 박기위해 구멍을 내는
도구

턴버클 turn buckle
줄당김이나 당김줄 설치 시 철선을 연결하여 철선을 당겨줄 때 사용하는
도구

토양경도계 土壤硬度計 soil compaction meter, penetrometer,
soil hardness tester
토양의 딱딱함 정도를 측정하는 도구

토양수분계　土壤水分計　soil hygrometer
토양의 수분함량(습도)을 측정하는 도구

현미경　顯微鏡　microscope
여러 개의 렌즈를 조합하여 아주 작은 물체까지 볼 수 있도록 확대해 주는
기기

한글색인

ㄱ

ㄷ

ㅅ

씨방 83, 89
씨앗 83

ㅇ

아급성독성 248
아랫입술 108
아린 32
아린흔 32
아뷰스클 142
아브시스산 18, 32, 33, 127, 142
아연 83
아포플라스트 32, 83
아휴면 84
악 17, 32, 71, 84, 98
악편 17, 71, 84
안갖춘꽃 25, 77, 84
안식각 181
안토시아닌 84
알 108
알덩어리 102, 108
알비노현상 212
알칼리성비료 181
알칼리성토양 181, 183
알칼리화작용 182
암거배수 182, 225
암모늄태질소 182
암모늄화작용 84
암브로시아 나무좀 108
암수딴그루 33, 42, 84, 87, 90, 212, 216
암수딴몸 109, 112
암수한그루 33, 43, 45, 84, 88, 90,

212, 216
암술 33, 45, 84, 90
암술군 33
암술대 33, 59
암술머리 33, 48
암종 59, 142, 155, 163, 165, 212, 220
암컷 109
압력식 나무주사 225
압축이상재 84
애벌레 109, 111, 142, 145
액비 182
액상비료 182
액상수화제 248
액아 12, 33, 66, 84
액제 212, 249
앱시스산 18, 32, 33
약 17, 33
약건 182
약량 249
약습 182
약제방제 109, 249
약충 109
약해 212, 249
약효지속성 249
양분 182
양분결핍 182, 212
양분과다 212
양분길항작용 182
양분상조작용 182
양분상호작용 182
양분순환 182
양분스트레스 183

ㅈ

ㅊ

ㅍ

ㅎ

영문색인

A

D

F

I

N

O

P

Q

R

S

U

V

W

XYZ

수목진료용어사전

초판 1쇄 인쇄일 2018년 3월 10일
초판 1쇄 발행일 2018년 3월 15일

편저자: (사)한국나무병원협회
　　　　한상섭, 권건형, 문성철, 문희종
　　　　박철재, 이용규, 정호성, 차병진
편집인: 주성필
발행인: 주희완
발행처: 아카데미서적
　　　　서울특별시 강남구 학동로 323
　　　　TEL 02-516-3131~3
　　　　E-mail: aca97@hanmail.net

정　가: 25,000원
I S B N: 978-89-7616-528-2 (91480)